U0756393

哇！20天就学会 Python

[韩] 郭文基 编著　叶晓莹 译

CηS | K 湖南科学技术出版社

图书在版编目（ＣＩＰ）数据

哇！20 天就学会 Python /（韩）郭文基编著；叶晓莹译 . — 长沙：湖南科学技术出版社，2021.10
ISBN 978–7–5710–1165–9

Ⅰ . ①哇… Ⅱ . ①郭… ②叶… Ⅲ . ①软件工具－程序设计 Ⅳ . ① TP311.561

中国版本图书馆 CIP 数据核字（2021）第 168033 号

湖南科学技术出版社经由锐拓传媒取得本书中文简体版独家出版发行权利

WA! 20 TIAN JIU XUEHUI Python

哇！20 天就学会 Python

编　　著：［韩］郭文基
译　　者：叶晓莹
责任编辑：王　燕　杨　林
出版发行：湖南科学技术出版社
社　　址：长沙市芙蓉中路一段 416 号泊富国际金融中心
网　　址：http://www.hnstp.com
邮购联系：本社教材发行科 0731-82194012
印　　刷：湖南天闻新华印务邵阳有限公司
　　　　　（印装质量问题请直接与本厂联系）
厂　　址：邵阳市东大路 776 号
邮　　编：422001
版　　次：2021 年 10 月第 1 版
印　　次：2021 年 10 月第 1 次印刷
开　　本：880mm×1230mm 1/16
印　　张：13
字　　数：185 千字
书　　号：ISBN 978-7-5710-1165-9
定　　价：68.00 元

序言

计算机教育（SW），培养第四次工业革命时代的必要竞争力

随着人工智能、大数据（Big Data）、物联网与云计算（Cloud Computing）等ICT（Information and Communications Technologies）技术的发展，我们生活的社会正在逐渐向数码化、自动化的方向发展。第四次工业革命的时代已经大踏步地向我们走来，并即将带来令当代人无法想象的巨变。

计算思维能力与问题解决能力是第四次产业革命的必需能力。我们需要计算机教育，以便更高效地拥有这种竞争力。为了将渗透日常生活的ICT技术更好地运用起来，我们需要使用计算思维能力思考问题，并找到问题的解决方法。因此，现在的计算机教育将在未来对学生们的工作生活产生十分重要的帮助。

计算机教育——符合智能信息社会要求的综合型人才养成计划

从2018年开始，计算机教育成为韩国中小学的必修课程。政府做好了对中小学生进行计算机教育的充分准备，并颁布了促进中小学计算机教育发展的《计算机教育促进基本计划》。

在韩国，根据2018年试行的《2015年教育课程修订条例》，小学从2019年起每学期需进行17小时以上的计算机课程，而中学则从2018年开始每学期需阶段性地接受34小时以上的计算机授课。在智能信息社会，以价值创造为核心的计算机领域将变得尤为重要。因此，通过强化小学、初中、高中学生的计算机课程教育，能够促进培养具有创造力、逻辑思维能力与问题解决能力的人才。

最想学习的编程语言，Python

为了使计算机完成任务，我们需要用它能够理解的语言编写指令，也就是我们常说的"编程（coding）"。Scratch 与 Entry 是为了让初次接触编程的学生更快地熟悉编程而创造的教育用模块编程语言。

一旦熟悉了模块码，接下来就要开始接触由文字与数字构成的、以文本为基础的普通编程语言了。这其中的代表就是"Python"。Python 的语法简单，容易学习，无需复杂的程序，立即可以获得编程结果，因此在各个领域得到了广泛的应用。

本书分为 4 个部分。

第一二部分，介绍 Python 语言后，为了能更好地从模块码过渡到文本编码的学习，将把 Entry Python 作为过渡进行学习。

第三四部分学习简单的 Python 语法例题后，将通过制作地铁智能聊天机器人、石头剪刀布、数字棒球、操纵乌龟等游戏，来熟悉 Python 语言。

作为写给第一次接触 Python 的学生的教材，本书根据读者的水平高低分段进行了编写。希望大家合上书的瞬间，也能自己想出有趣的点子进行编程。

Thanks To…

　　到本书出版为止一直都给予帮助与支持的多乐园少儿出版部崔云先（音）次长、朴秀熙（音）女士，亲爱的夫人金娜情（音），突然一下长大的儿子东炫（音），向你们传达我的爱与感谢。最后感谢我的父亲、母亲。

构成与特征

核心要点

本书内容全面，包含 Entry、Entry Python、Python 的学习内容。

如果在学习 Python 前对 Entry 与 Entry Python 有一定了解，就能更轻松地理解文本编程语言。

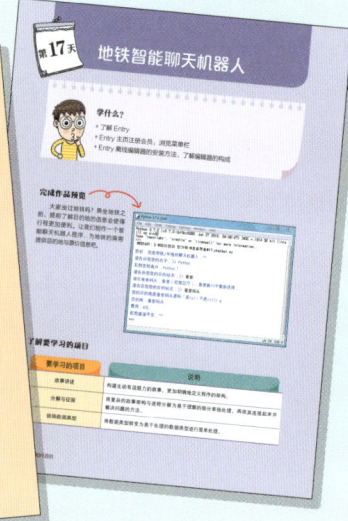

20天内完成编程教育！

在编程开始前，阅读"学什么？/ 完成作品预览 / 了解对象与组件 / 要学习的项目"部分，想一想应该如何进行编程。

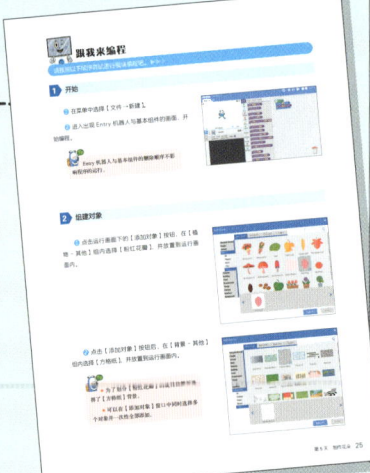

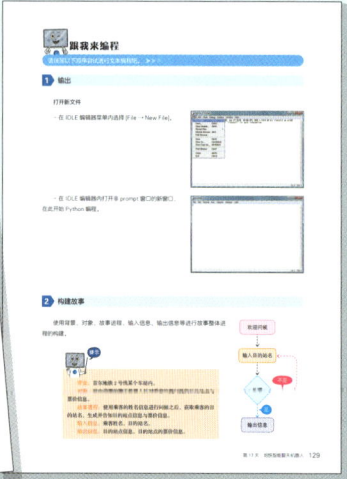

跟我来编程

使用 Entry、Entry Python、Python 程序，尝试使用模块码与文本编码进行编程。

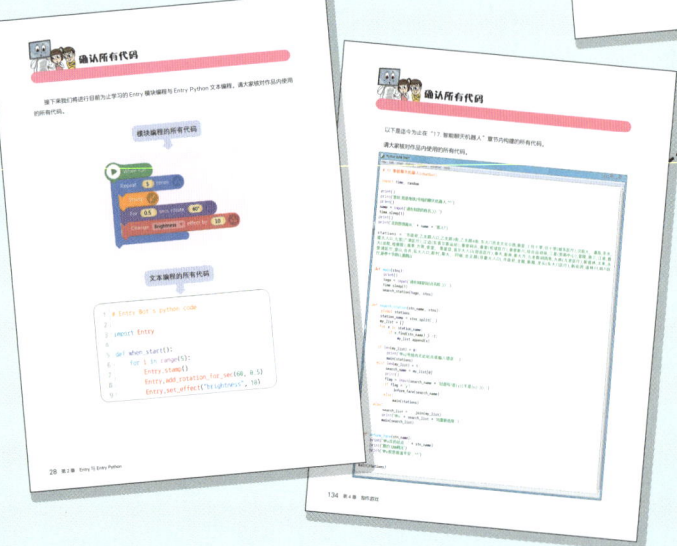

确认所有代码

再次确认至今为止编写的程序的所有代码，以此对比模块码与文本代码。

4

挑战习题

运用之前所学的内容，尝试挑战习题吧。

附录

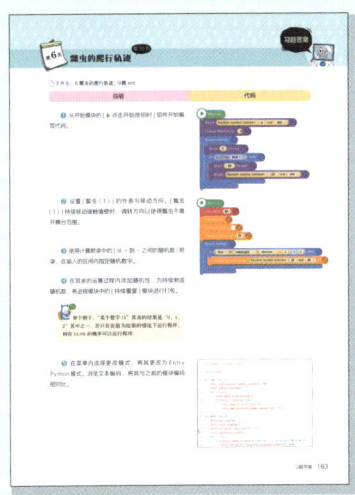

· 习题答案

· Python 用语与要点整理

· 使用 Visual studio code

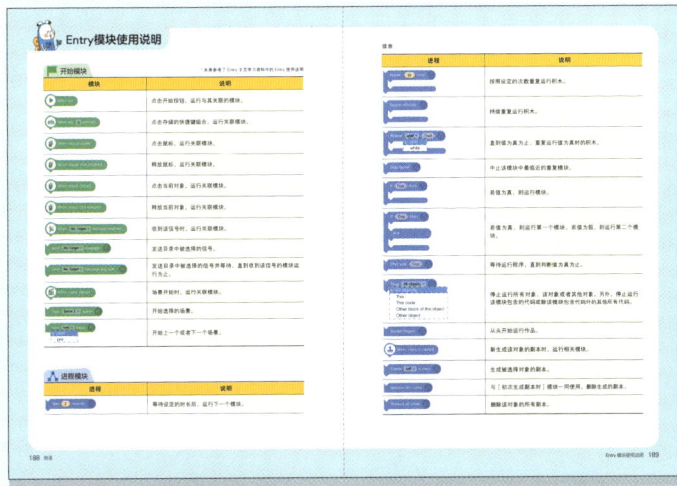

· Entry 模块使用说明

第 1 章
Python，很高兴
认识你！

 第1天　学习 Python 之前 ……………… 2

 第2天　什么是 Python？ ……………… 6

第 3 章
开始学习
Python

第9天　准备 Python 之旅 ………………… 52

第10天　开始学习 Python ………………… 58

第11天　数据类型 …………………………… 64

第12天　用乌龟画画 ………………………… 74

第13天　操作程序的进程 …………………… 82

第14天　节约代码的编程 …………… 90

第15天　灵活运用内置函数 ………… 98

第16天　灵活运用模块 …………110

 第3天 你好！Entry ················· 14

 第4天 Entry Python——从模块编程到文本编程··· 18

 第5天 制作花朵 ·············· 24

 第6天 瓢虫的爬行轨迹 ·········· 30

 第7天 加法问答 ·············· 36

第8天 日程管理小程序 ·········· 42

**第 2 章
Entry 与 Entry
Python**

 第17天 地铁智能聊天机器人 ············ 128

 第18天 剪刀石头布 ············· 136

 第19天 数字棒球游戏 ············· 144

第20天 操纵乌龟 ············· 152

**第 4 章
制作游戏**

附录

• 习题答案 ·············162
• Python 用语与要点整理 ·············178
• 使用 Visual studio code ·············184
• Entry 模块使用说明 ·············188

第 1 章
Python，很高兴认识你！

 学习 Python 之前

 什么是 Python？

第1天

学习 Python 之前

计算机课有小组作业……

东炫，你在想什么呢？

啊，吓我一跳！

我们为什么要学习计算机呢？

有一位可以解答我们问题的朋友！

去我家吧。跟我来！

！

咣当！

轰隆！砰咚！

啊！好耀眼！

可丁啊，在干嘛？我们做计算机小组作业时有些疑惑，就来找你了！

我收到了一条魔法项链作为礼物，现在正在修炼中。你好啊，娟娟。

你好！

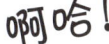

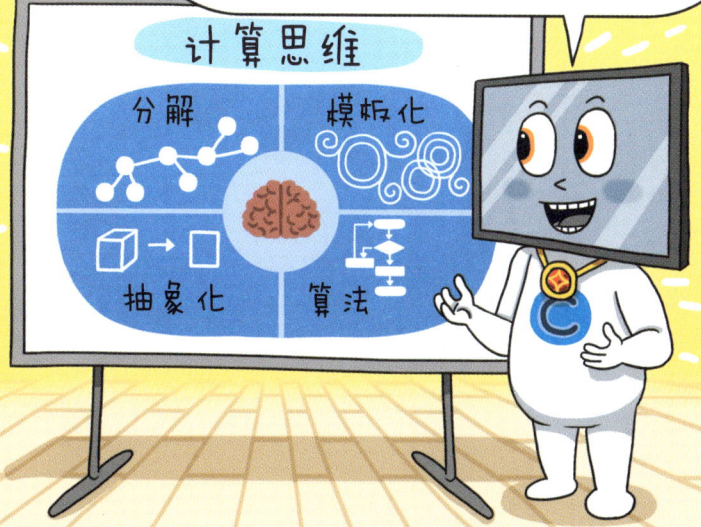

Scratch 是美国 MIT（麻省理工学院）开发的教学用程序。这次我来为你们介绍由韩国开发的 Entry！

突然举起！

锵，孩子们，你们好！我的名字叫 Entry。传说中韩国的 Scratch 就是我啦。

摆手

摆手

Entry 与 Scratch 都是模块码，是为初次接触编程的学生设计的易于操作的软件系统。

实际上，程序的形式都是文本编码，"Entry Python"是学习从模块码转换到文本编码的过渡方式！

哇！

哦哦！

我想学习 Entry！

Entry Python 之后要学什么呢？

心动

？

那么我就要回去啦！

咻～

再见～！

对于初次接触文本编程的学生来说，Python 是最好的入门语言！因为它的语法简单易学，不用复杂的流程，很快就能确认编程结果！那么我们先去 Python 的世界看一看吧！

拜拜！我们第 2 章见！

唰！

咻

我们一起去看一看吧！

咻咻

GO GO！！！

第2天　什么是 Python？

学什么？

- 必须学习 Python 的理由
- Python 是什么
- Python 的特点

1　必须学习 Python 的理由

1. 编码是什么？

为了给计算机布置任务，需要使用其能够理解的语言输入口令，这种方法被称为"编码（Coding）"。Scratch 与 Entry 是以模块形式编写的编程语言，能让初次接触编程的人们轻松地熟悉编程。

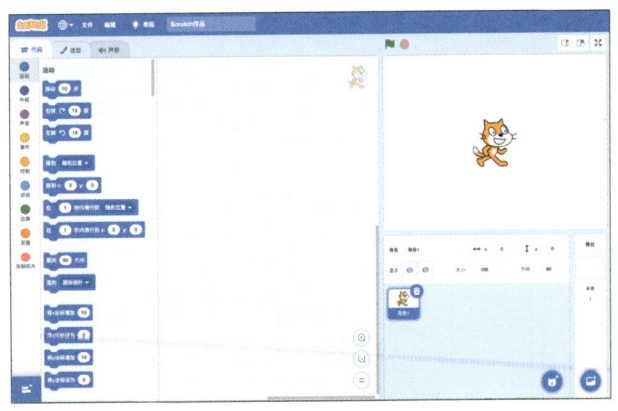

Scratch

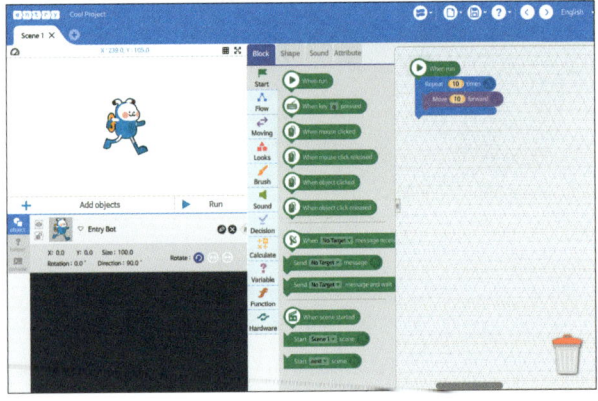

Entry

如果能够熟练运用 Scratch 与 Entry 进行模块形式口令的编写，那么就可以开始运用以文字与数字为基础的文字编码编程了。代表性的一般编程语言是 Python。

2. 最想学习的编程语言

在韩国，最受程序开发者喜爱的著名论坛兼问答网站"stackoverflow.com"以开发者为对象进行了主题为"最想学习的编程语言的偏好度"的调查活动，在许多编程语言之中，Python 荣登第 1 名的宝座。随着人们对 Python 重视程度的逐渐提升，我们也应该跟随时代的脚步学习 Python 了。

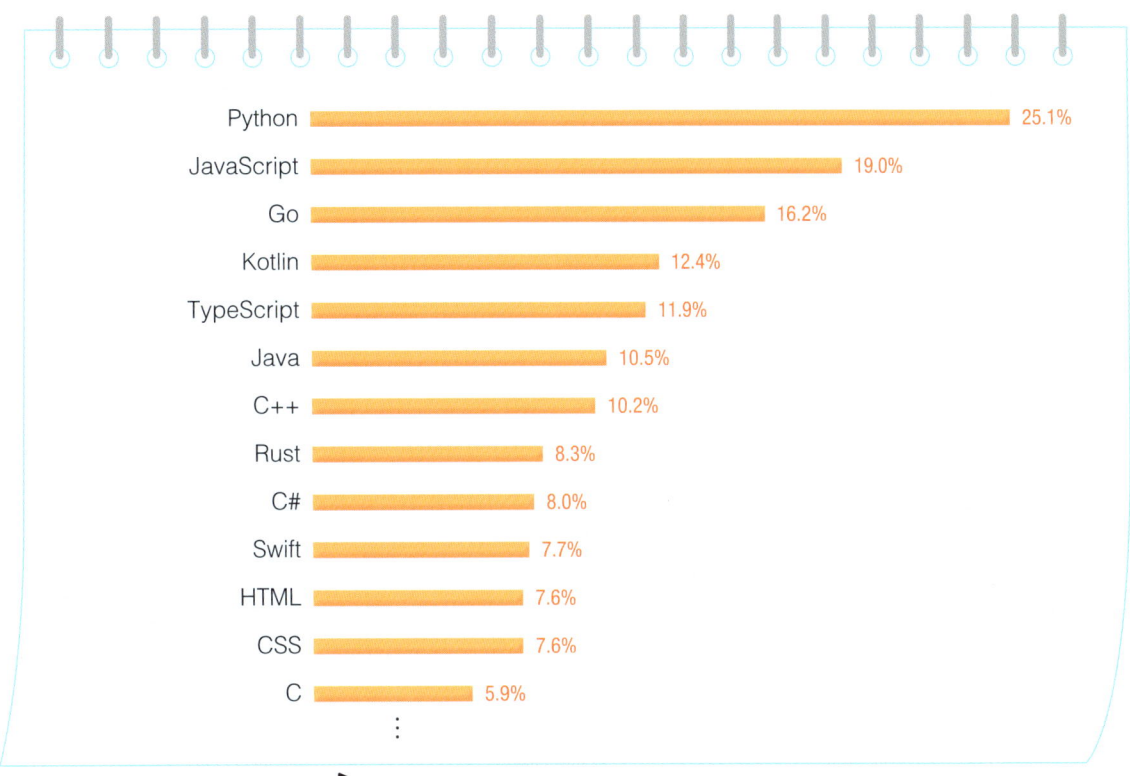

开发者最想学习的编程语言（2018 年）

2 Python 是什么

Python 是 1989 年由荷兰籍程序员 Guido van rossum 开发的高级语言。Python 这个名字是从 Guido 爱看的英国电视剧《巨蟒剧团之飞翔的马戏团（Monty Python's Flying Circus）》中截取而来，据说它的标志双头蛇来自希腊罗马神话。

什么是高级语言？

为了驱动计算机系统，需要编制软件，这时就需要编写软件的编程语言。不是计算机使用的"机器语言"，而与人类使用的语言表现相近，这种语言被称为"高级语言"。

3 ▶ Python 的特点

- 开源软件：任何人都可以免费使用，并可以与开发者交流。
- 句法简单：简单易学。
- 解释（Interpreter）：没有复杂的流程，可以直接确认结果。

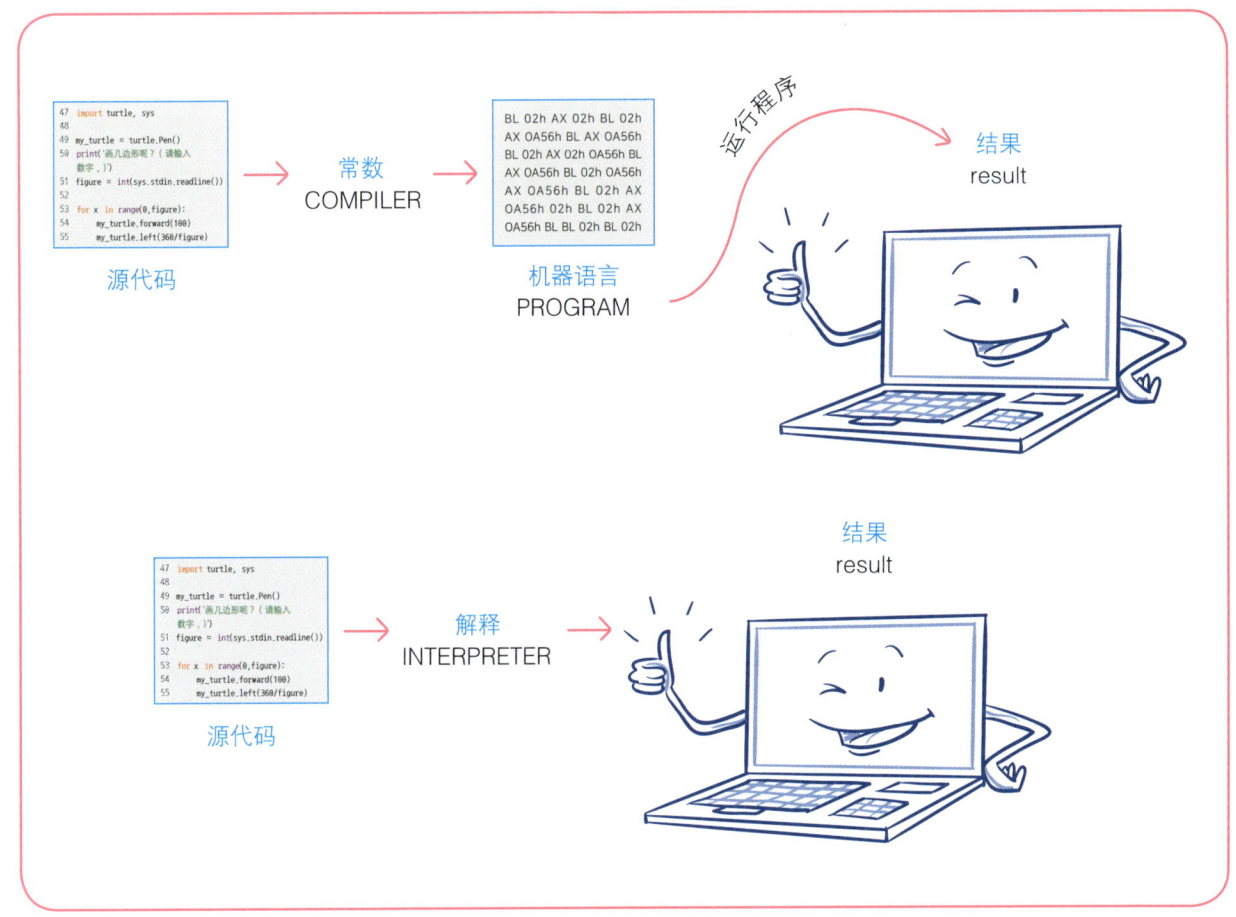

↖ 编译与解释

　　编译（Compile）与解释（Interpreter）是解释程序的方法，要想运行程序，就必须把能让人类理解的高级语言变为让计算机理解的机器语言。编译，是在运行程序之前提前将源代码翻译成机器语言；而解释，是在每次运行程序时同步进行翻译。

　　编译这种方法被运用于语法复杂的 C 语言、Java 等语言之中，有提前检验语法、防止错误的效果。另外，一次性将源代码翻译成机器语言，可以提升运行程序的速度。解释这种方法被运用于 Python、Java Script 等语言之中，当语言的语法简单时，源代码立刻被解释为机器语言，因此运行速度比编译要慢。编译与解释可以分别被喻为阅读已经翻译成中文的书与阅读尚未翻译成中文的书。

- 独立性：依据电脑操作系统 (OS)，可以立即使用它而无需任何更改。
- 扩展性：组件具有多种扩展功能，程序适用范围较广。

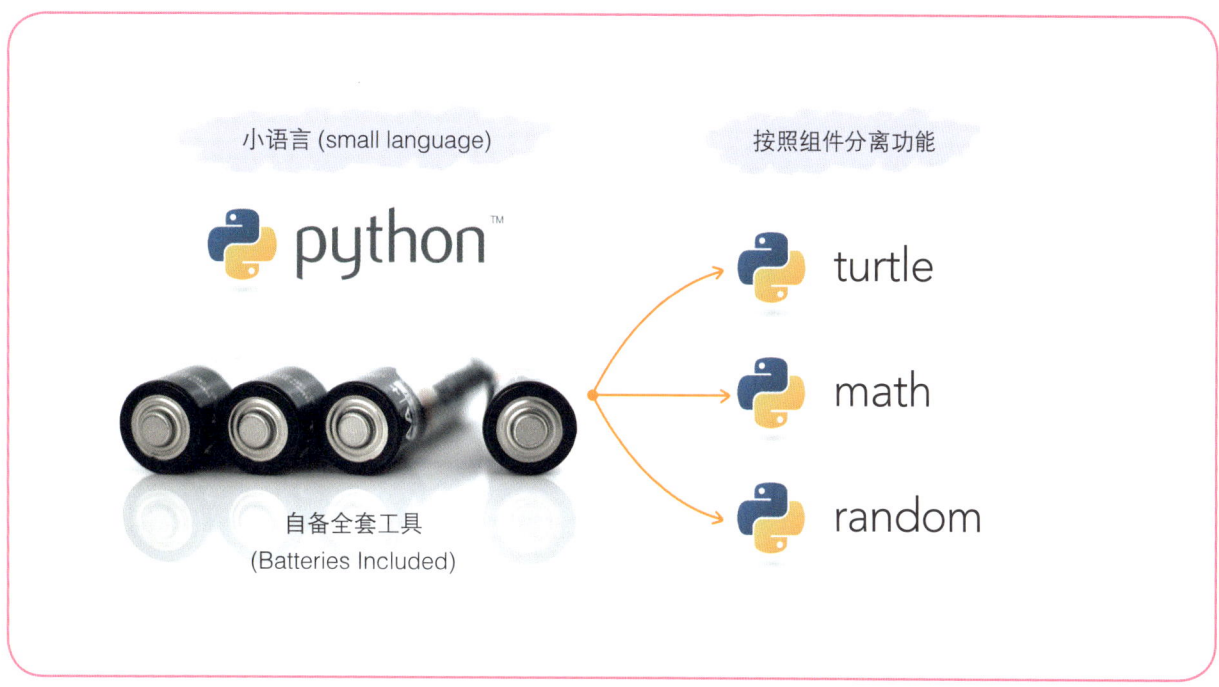

Python的内置电池功能与扩展功能组件

　　Python 中有个"自备全套工具（battery included）"的概念，即它为编程者提供开箱即用的扩展功能"组件（module）"。作为提供追加功能的方法，组件又被分为程序内部已存在的"内置组件"与外部开发的"第三方组件"。在其他编程语言中又被称为"库（library）"。

　　作为已经得到验证的代码合集，组件能够通过重复使用以加快开发进程并开发更高品质的代码。

第 2 章
Entry 与 Entry Python

 第**3**天　你好！Entry

 第**4**天　Entry Python——从模块编程到文本编程

 第**5**天　制作花朵

 第**6**天　瓢虫的爬行轨迹

 第**7**天　加法问答

 第**8**天　日程管理小程序

Entry 与 Entry Python

* 引号内为韩语松紧音的发音区别，汉语中无此区别，均为"Python"。

第3天

你好！Entry

学什么?

- 了解 Entry
- Entry 主页注册会员，浏览菜单栏
- Entry 离线编辑器的安装方法
- 了解 Entry 离线编辑器的构成

1 了解 Entry

Entry 是为使任何人都可以免费接受编程教育而开发的编程教育平台。NAVER（韩国门户网站，相当于中国的百度。译者注）以公益教育为目的而设立的非盈利机构 connect.or.kr 是 Entry 的运营方。在 Entry 平台上，学生们可以进行简便有趣的编程课程的学习，老师们也可以高效地进行教育与管理。

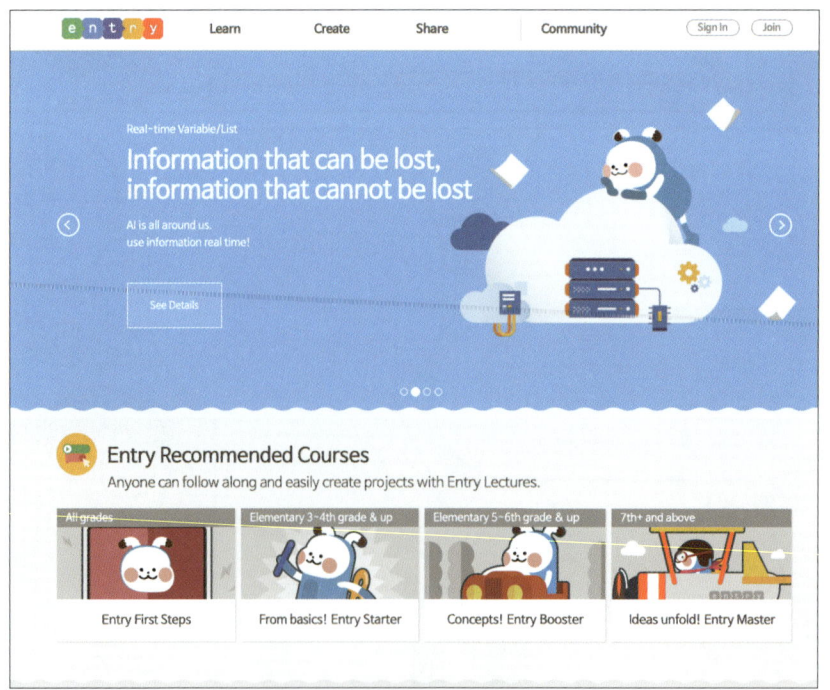

↖ Entry 主页

2 Entry 主页注册会员，浏览菜单栏

1. 注册会员的方法

进入 Entry 主页 playentry.org（本网站只有韩语版本与英语版本可供选择，对不熟悉韩语的读者朋友可在页面底部右下方选择英语。译者注），点击右上方菜单中的【注册会员】按钮。在弹窗内选择"学生"身份，输入用户名与密码之后，选择同意共享作品，完成会员注册。

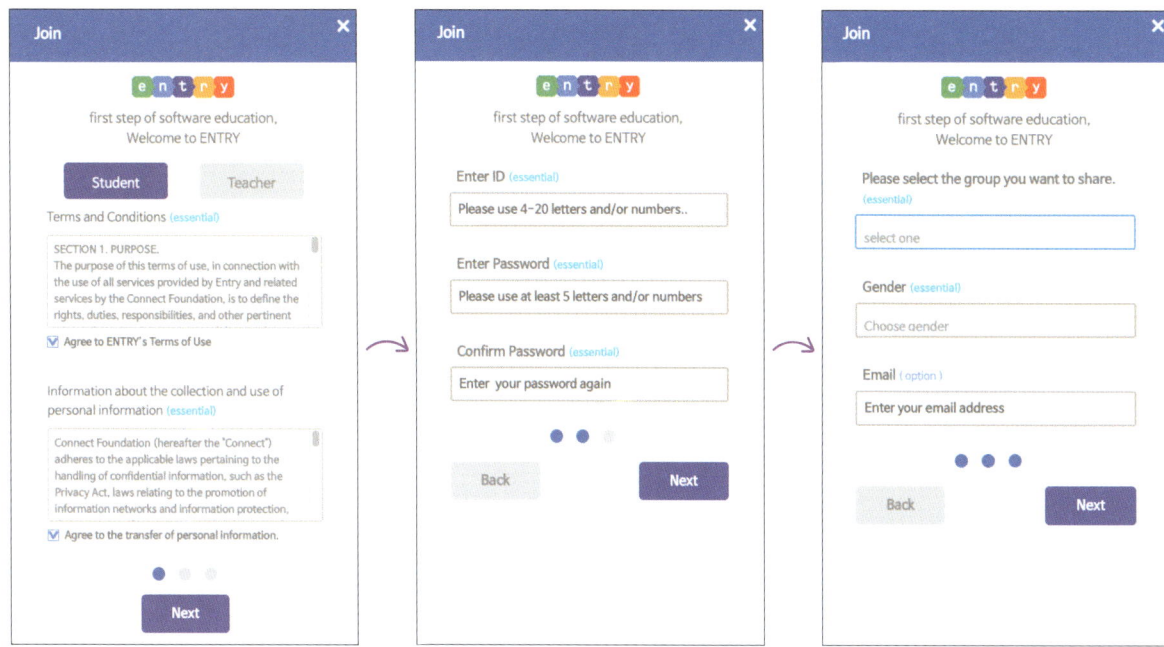

2. 菜单介绍

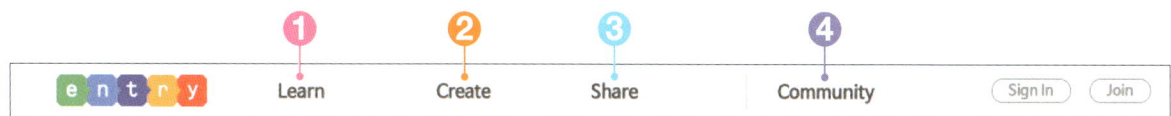

❶ 学习

Entry 平台内提供以主题或年级分类的课程，以供大家进行编程学习。

❷ 编写

进入 Entry 在线编程界面。制作新作品并保存，打开之前保存的作品。另外，可以运行作为连接模块码与文字编码桥梁的"Entry Python"组件。

❸ 共享

通过 Entry 平台制成的作品可以与他人进行共享。还可以与朋友进行同步创作，制作酷帅的作品。

❹ 社群

拥有你问我答、小窍门与小贴士、网络论坛、意见与建议、公告事项、作品征集大赛等丰富内容的社群空间。

3 Entry 离线编辑器的安装方法

1. 点击 Entry 主页菜单栏上的【下载】按钮，进入界面。

> 安装 Entry 离线编辑器之后，即使不联网，也可以编写 Entry。

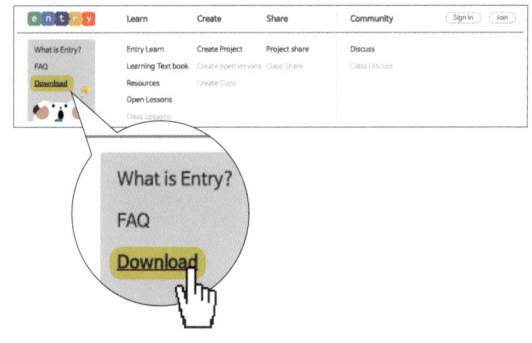

2. 根据安装计算机的操作系统（OS），选择下载对应的 Entry 离线编辑器程序。

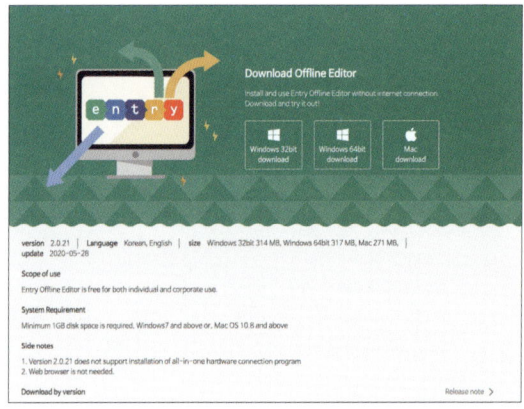

3. 安装最新版 Entry 离线编辑器。

> 本书使用 [Entry_1.6.9_Setup.exe] 版本进行说明。

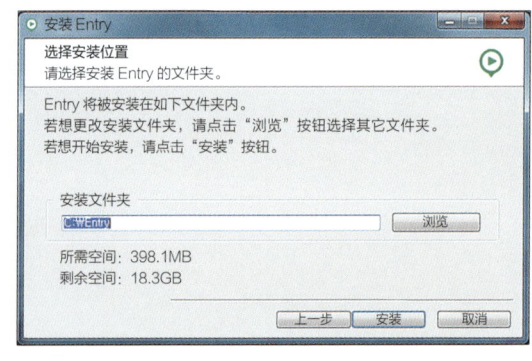

4. 在 Entry 主页中，选择【制作】菜单，即可运行与 Entry 在线编辑器同样的开发环境。

> 选择 Entry 主页的 [制作] 菜单，运行与 Entry 在线编辑器相同的开发环境。

1. 基本用语

- 对象 (Object)：角色、背景、文本框等所有使用指令可以控制的东西。
- 组件 (Block)：开始、过程、动作、外观、笔刷、声音、判断、计算、材料、函数、硬件等指令。
- 场景 (Scene)：可区分 Entry 故事情节的单位。

提示

- **对象 (Object) 是？** 与话剧中舞台上的登场人物含义相近，跟随组件的指令变化或者进行动作，作为人、动物、植物、物体、环境、界面、背景等表现出来。
- **场景 (Scene) 是？** 与话剧中作为分隔每一段故事情节的"幕（act）"含义相近。

2. 画面构成

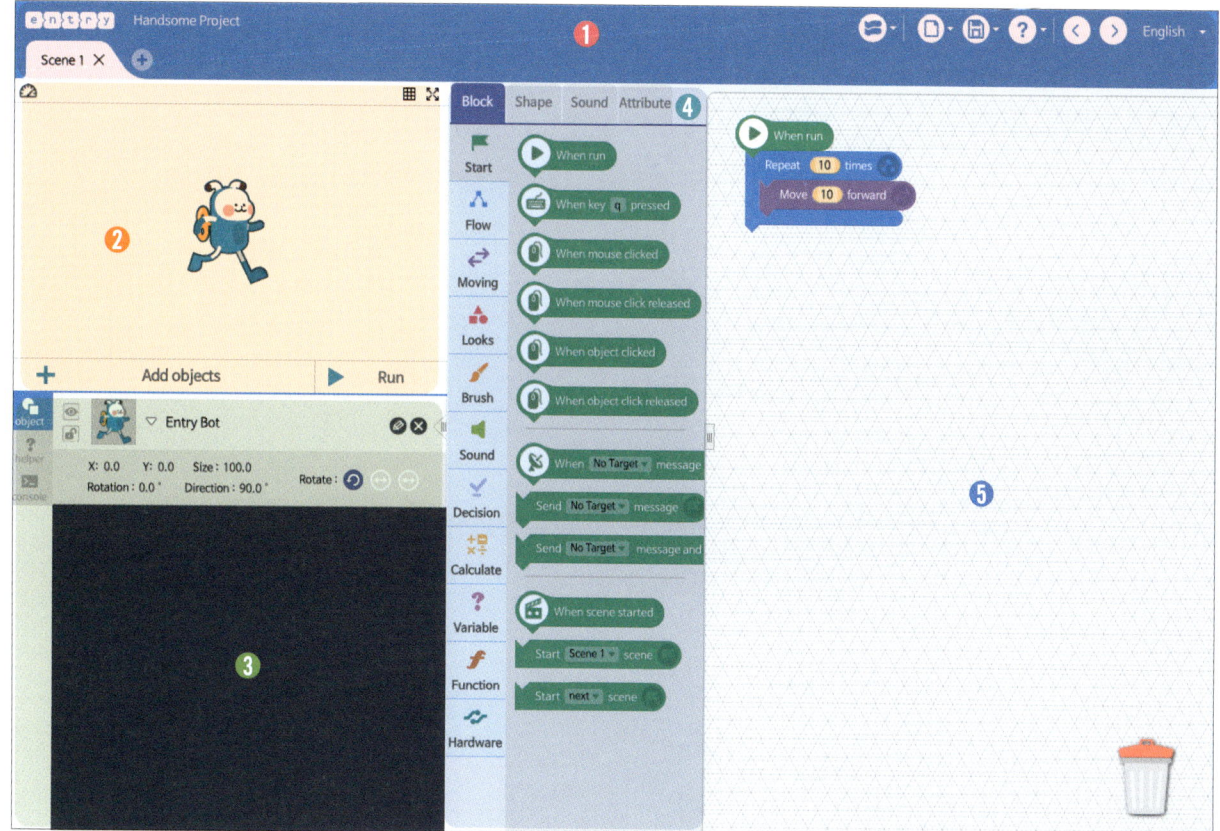

❶ **上方菜单**：新建、保存、帮助等功能。

❷ **运行画面**：使用组件运行对象的区域。

❸ **对象目录**：控制并管理运行中的各个对象的区域。

❹ **组件包**：选择或构建组件、外观、声音、属性等材料的区域。

❺ **组件装配站**：选择组件并在运行画面中制作动作的编程区域。

Entry Python——从模块编程到文本编程

学什么?

- 了解 Entry Python
- Entry Python 的指令输入方法与帮助文档
- 尝试开始使用 Entry Python

1 了解 Entry Python

Entry Python 是连接模块编程与文本编程的过渡桥梁,使用它能够让你更快理解:模块码与文本代码是使用相同算法进行运作的。以模块语言为基础,可以熟悉文本语言的结构与语法,对于熟悉 Python 的用法也会产生帮助。另外,使用模块码编写的作品可以转换为 Entry Python 代码。

第一次运行 Entry Python 组件时,会出现如下的引导画面。

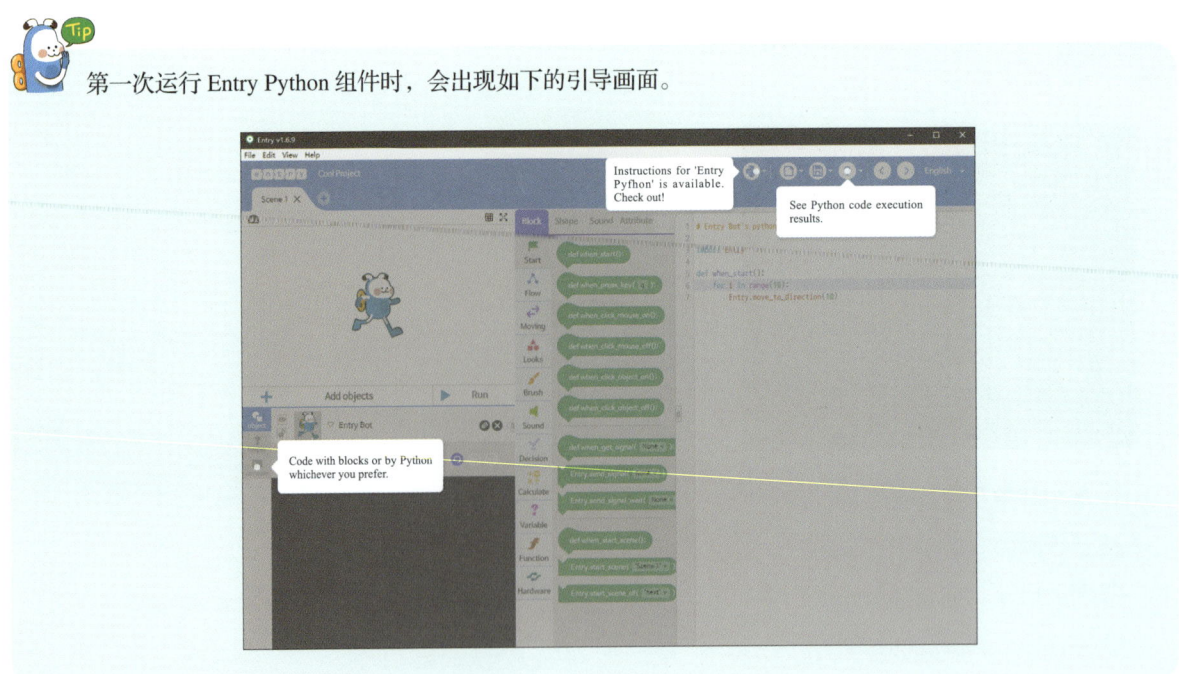

- 模块编码模式的组件装配与 Entry Python 模式的文本代码

- 模块编码模式的组件与 Entry Python 模式的组件

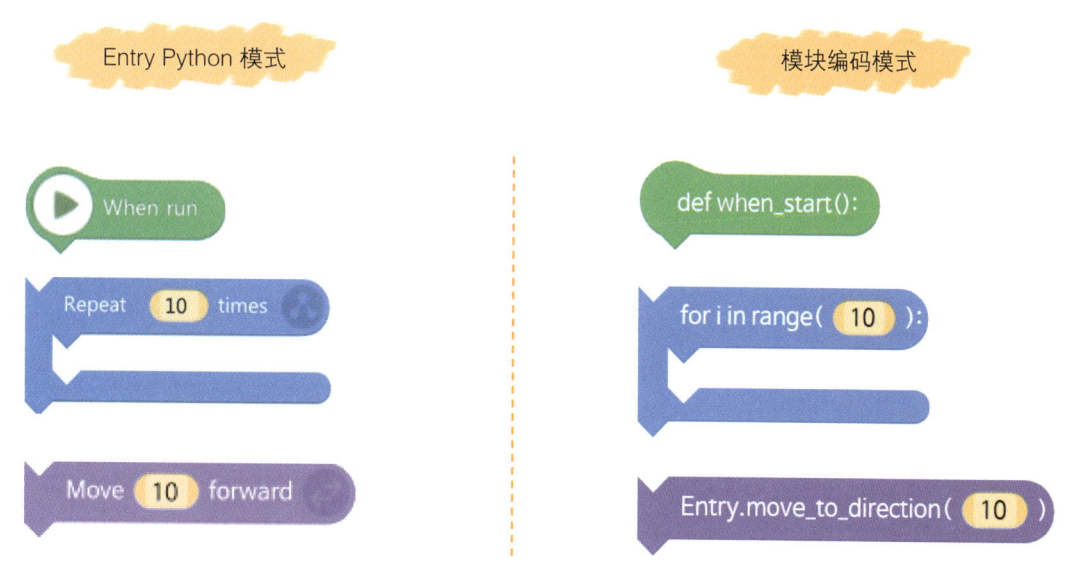

Tip

Entry Python 经常会发生的错误

情况	错误
变量名称内有空格时	列入的变量中，若存在名称内有空格的变量，则无法转换模式。
目录名称内有空格时	列入的目录中，若存在名称内有空格的目录，则无法转换模式。
函数名称内有空格时	列入的函数中，若存在名称内有空格的函数，则无法转换模式。
生成函数时，"姓名"组件出现 2 次以上	列入的函数中，若名称内出现"姓名"组件 2 次以上，则无法转换模式。
生成函数时，"姓名"组件出现在"文字 / 数值"或"判断值"组件之后	列入的函数中，若"姓名"组件出现在"文字 / 数值"或"判断值"组件之后，则无法转换模式。
模块代码模式下生成函数或编辑函数时	生成函数或编辑函数时，无法转换模式。

2 Entry Python 的指令输入方法与帮助文档

1. 使用组件输入指令的方法

在开始组件包中，将 [def when_start（ ）:] 组件拖曳至编程区域。这样就可以在编程区域确认输入的指令了。

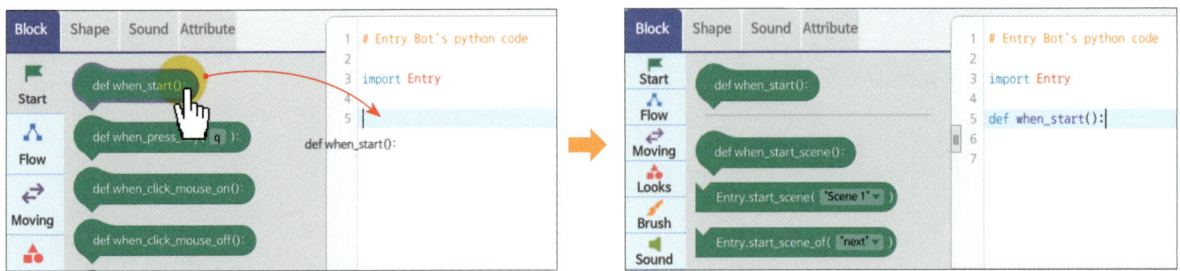

2. 直接输入指令的方法

在编程区域单击鼠标左键，游标将会闪烁。在其中直接输入关键词。检索窗内将出现与关键词有关的代码提示，使用方向键或鼠标点选想输入的指令。这样就可以在编程区域确认输入的指令了。

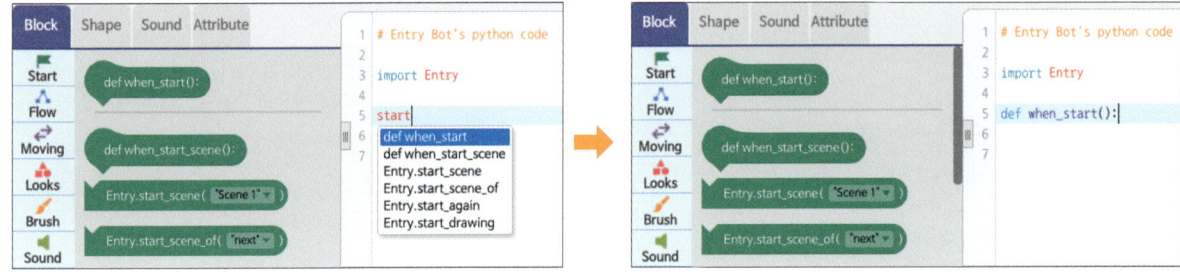

♣ Entry Python 模式与模块代码模式不同，如果不按照缩排、分写、引号用法等语法输入指令，代码就无法正常运作。
♣ 为了熟悉文本编程，制作作品时，我们需要使用 Entry Python 模式并在编程区内直接输入指令。

3. 帮助文档

使用鼠标左键单击对象目录中的"帮助文档"图标,选择组件包中的组件。你将会在对象目录中看到关于已选择组件的详细说明、使用方法以及编码示例。

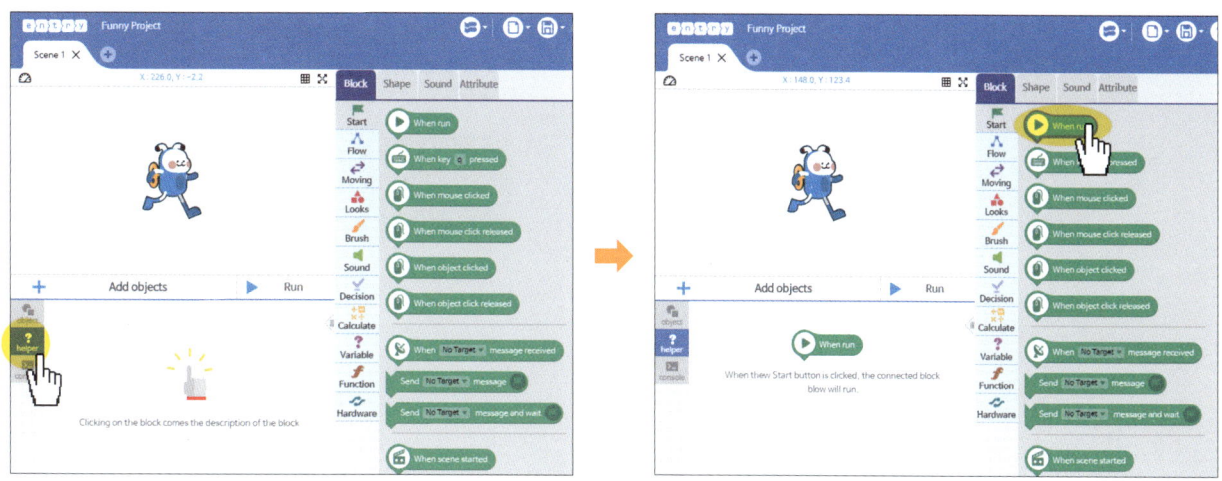

"帮助文档"类似于学习英语时使用的英汉字典。Entry Python 模式下的组件用英语写成,而在"帮助文档"中可查询到组件指令的详细说明与使用方法。在使用 Entry Python 进行编程时,若能灵活使用"帮助文档",则可以更正确高效地熟悉编程方法。

第 2 章内使用的例题是根据 Entry 提供的 Entry Python 例题改编而来的(CC–BY 2.0)。请参见 Entry 教程合集 [https://playentry.org/tt#!/basic/materials] 页面中的 [其他参考资料 –7 Entry Python 例题与讲解]。

1. 在例题文件夹内打开已制作好的文件"4. 自我介绍 .ent"。

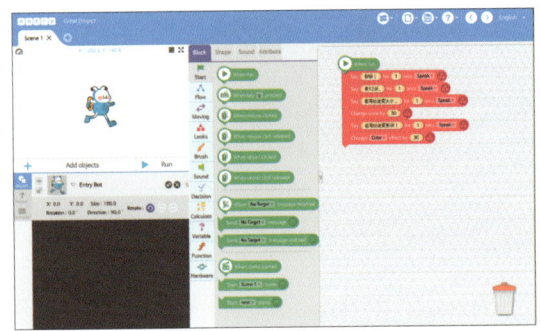

2. 在运行界面内点击【▶开始】按钮，组件装配站中的组件会按照从上到下的顺序运行。

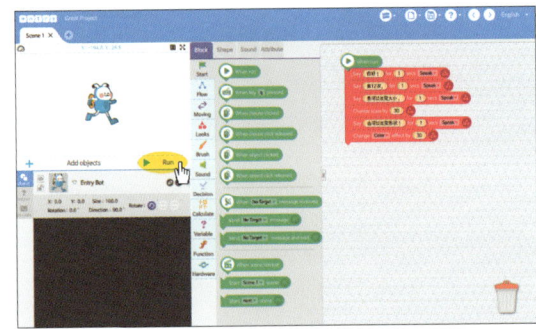

3. Entry 机器人从说"你好！"开始运行程序。Entry 机器人运行自我介绍程序时，大小与颜色会发生变化。

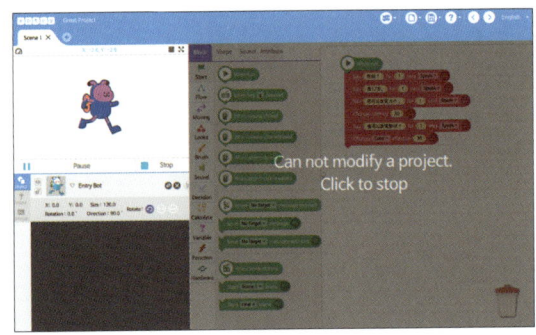

4. 点击右上端菜单中的第一个图标，即可选择模块编码模式与 Entry Python 模式。原本默认为模块编码模式，点击后即可转换为 Entry Python 模式。组件包与组件装配站中的内容将转换为文本代码。

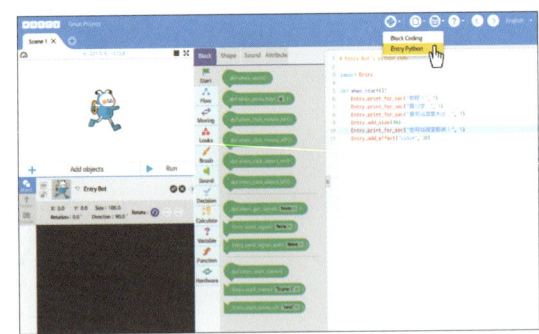

了解 Entry Python 模式

```
1   # Entry Bot's python code
2
3   import Entry
4
5   def when_start():
6       Entry.print_for_sec("你好！", 1)
7       Entry.print_for_sec("我12岁了。", 1)
8       Entry.print_for_sec("我可以改变大小，", 1)
9       Entry.add_size(30)
10      Entry.print_for_sec("也可以改变颜色。", 1)
11      Entry.add_effect("color", 30)
```

在 Entry Python 模式下，第 1~3 行是自动生成的部分。第 1 行是介绍目前正在编辑对象的注释。所谓注释，就是备注与代码运行有关内容的句子，不会对编码运行造成任何影响。从第 4 行开始即可直接录入文本编码指令。

第5天 制作花朵

学什么？

- 反复执行同样任务的方法
- 复制对象的方法
- 自然地变换中心旋转对象的方法

完成作品预览

喜欢香味扑鼻的鲜花吗？请尝试使用一片"粉红花瓣"做出一朵花吧。

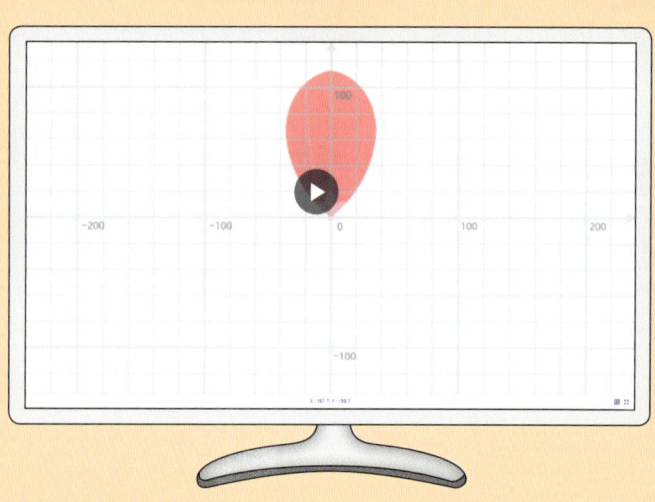

了解对象与组件

对象	主要组件

对象

主要组件

开始
```
def when_start():
```

外观
```
Entry.add_effect("color", 10)
```

进程
```
for i in range(10):
```

笔刷
```
Entry.stamp()
```

动作
```
Entry.add_rotation_for_sec(90, 2)
```

跟我来编程

1 开始

❶ 在菜单中选择【文件 → 新建】。

❷ 进入出现 Entry 机器人与基本组件的画面，开始编程。

> **Tip**
> Entry 机器人与基本组件的删除顺序不影响程序的运行。

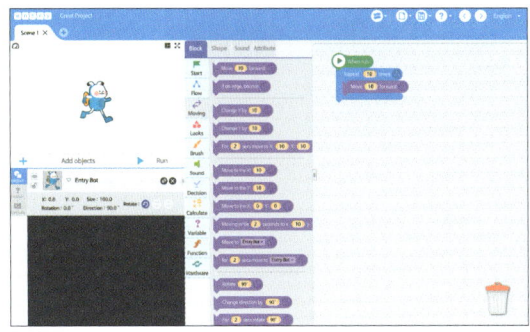

2 组建对象

❶ 点击运行画面下的【添加对象】按钮，在【植物 – 其他】组内选择【粉红花瓣】，并放置到运行画面内。

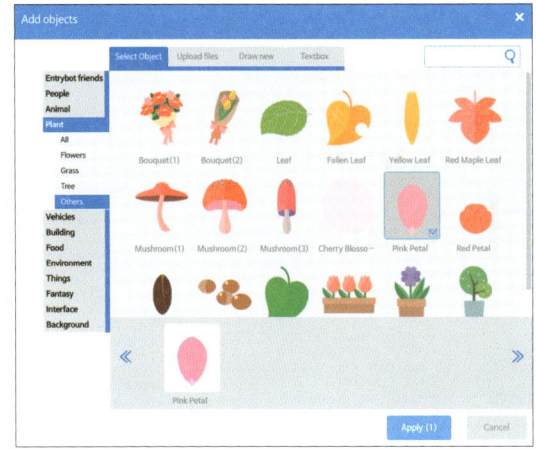

❷ 点击【添加对象】按钮后，在【背景 – 其他】组内选择【方格纸】，并放置到运行画面内。

> **Tip**
> ● 为了划分【粉红花瓣】的旋转位置而选择了【方格纸】背景。
> ● 可以在【添加对象】窗口中同时选择多个对象并一次性全部添加。

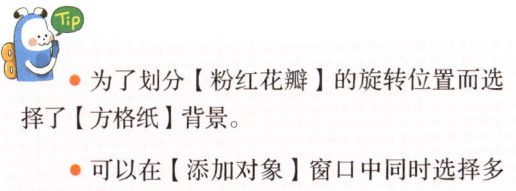

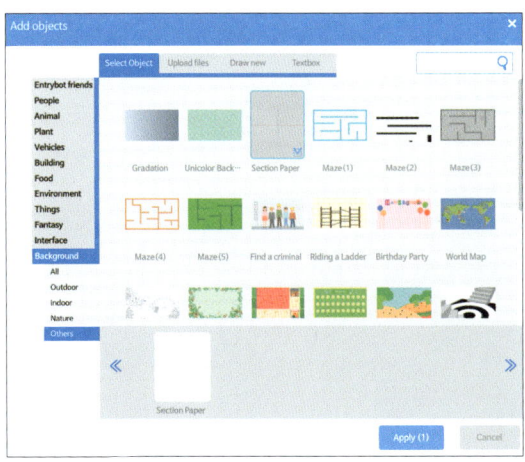

3 更改对象的中心位置

❶ 在程序运行画面内，拖曳【粉红花瓣】，调整其在【方格纸】背景中的位置。

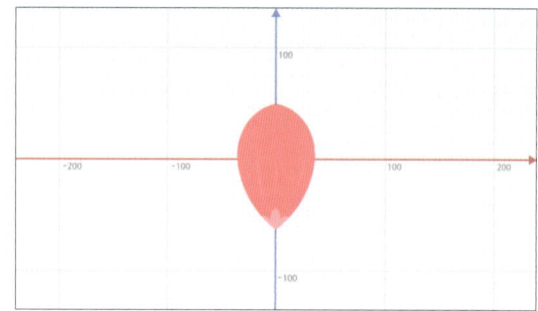

❷ 在对象目录或运行画面中选择【粉红花瓣】，将花瓣的中心点用鼠标拖曳至花蕊所在的最下方。

> **Tip**
> 使【粉红花瓣】的中心点与旋转轴处在同一条线上，以一片花瓣为原型进行旋转，制成一朵花。

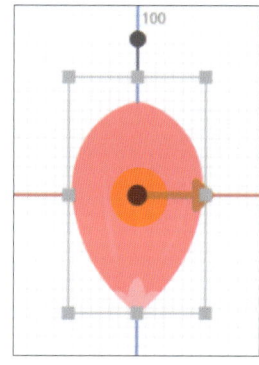
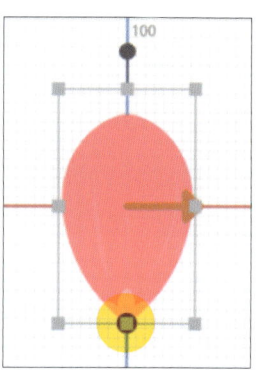

4 模块编码

❶ 点击【▶开始】按钮，将同一动作反复进行5次。

❷ 将【粉红花瓣】做成图章后，选择"0.5秒"、"60°"进行旋转。使用亮度效果让【粉红花瓣】的颜色逐渐变得更加明亮。

> **Tip**
> 笔刷组件中的【图章】组件可以更换为进程组件中的【复制】组件。

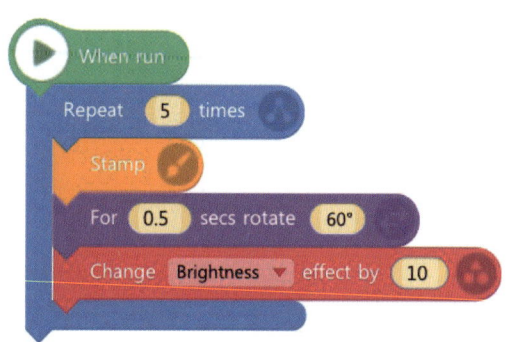

5 确认结果

❶ 点击运行画面下方的【▶开始】按钮，确认模块代码的运行结果。

❷ 可以看到【粉红花瓣】以"60°"的角度旋转若干次之后，形成了一朵花。

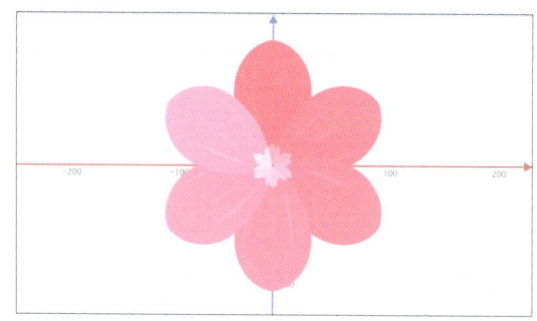

6 变更为 Entry Python 模式

❶ 点击右上方菜单中的第一个图标。在更改模式中点击 Entry Python 模式。

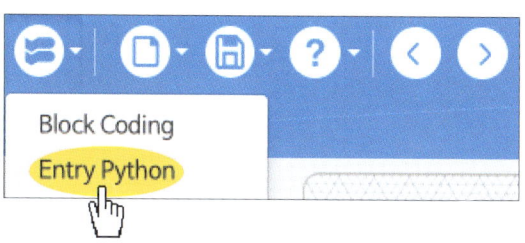

❷ 浏览文本代码，将其与模块编码模式的所有代码联系起来进行思考。

> **Tip**
> 第6行的［for I in range（5）:］包含顺序 0 ~ 4。与反复句 for 联系起来重复 5 次。

```python
1   # Entry Bot's python code
2
3   import Entry
4
5   def when_start():
6       for i in range(5):
7           Entry.stamp()
8           Entry.add_rotation_for_sec(60, 0.5)
9           Entry.set_effect("brightness", 10)
```

确认所有代码

接下来我们将进行目前为止学习的 Entry 模块编程与 Entry Python 文本编程。请大家核对作品内使用的所有代码。

模块编程的所有代码

```
When run
Repeat  5  times
    Stamp
    For  0.5  secs rotate  60°
    Change  Brightness ▼  effect by  10
```

文本编程的所有代码

```python
1   # Entry Bot's python code
2
3   import Entry
4
5   def when_start():
6       for i in range(5):
7           Entry.stamp()
8           Entry.add_rotation_for_sec(60, 0.5)
9           Entry.set_effect("brightness", 10)
```

挑战习题

正确答案：162页▶▶▶

将之前作品中使用的【图章】组件更改为【▼复制】组件尝试编写代码，并思考其中的差别。

问题

使用进程组件中的【▼复制】组件尝试编写代码。

1.将笔刷组件中的【图章】组件替换成进程组件中的【▼复制】组件之后，点击【▶开始】按钮。

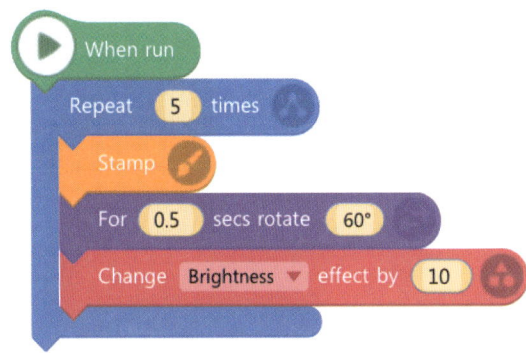

2.观察对象【粉红花瓣】依次旋转60°后形成花朵的过程。

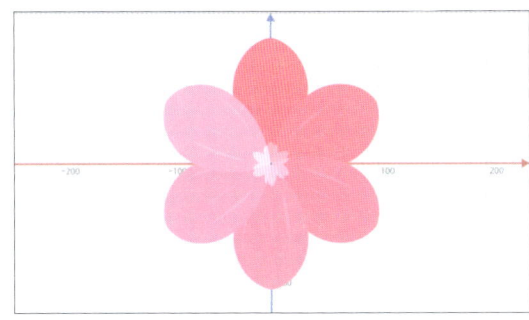

提示

　　【图章】组件是将对象图形像图章一样盖在运行画面内，而【复制】组件的功能则是生成选择对象的复制图形。
　　在 Entry Python 模式下观察【图章】组件与【复制】组件的文本编码。【图章】组件的文本编码是［Entry.stamp（）］，【复制】组件的文本编码是［Entry.make_clone_of（"self"）］。
　　在英汉词典中分别查询"stamp"与"clone"的含义，stamp 是图章，clone 是复制。通过两个单词的释义，即可理解两组代码的差异所在。

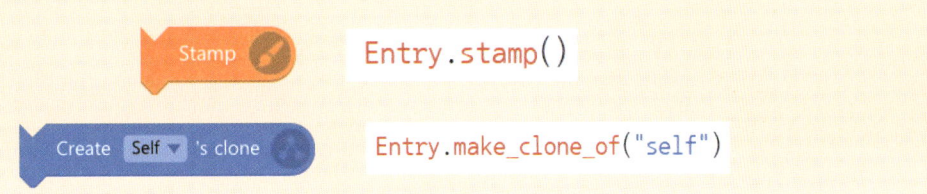

第6天 瓢虫的爬行轨迹

学什么?

- 同时执行两种进程的方法
- 在执行过程中选择条件的方法
- 设置随机数以表现不同的情况

完成作品预览

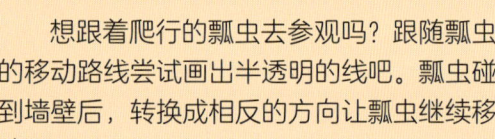

想跟着爬行的瓢虫去参观吗? 跟随瓢虫的移动路线尝试画出半透明的线吧。瓢虫碰到墙壁后, 转换成相反的方向让瓢虫继续移动吧。

了解对象与组件

跟我来编程

1 ▶ 开始

❶ 在菜单中选择【文件→新建】。

❷ 进入出现 Entry 机器人与基本组件的画面，开始编程。

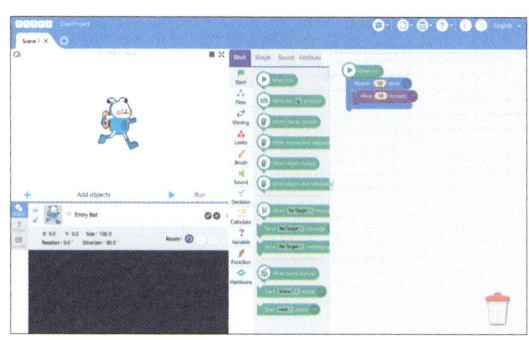

Tip
　　Entry 机器人与基本组件的删除顺序不影响程序的运行。

2 ▶ 组建对象

❶ 点击运行画面下的【添加对象】按钮，在【动物－土地】组内选择【瓢虫（1）】，并放置到运行画面内。

❷ 点击【添加对象】按钮后，在【背景－自然】组内选择【葱郁森林】，并放置到运行画面内。

3 【瓢虫（1）】改变移动方向

点击运行画面中的【瓢虫（1）】，将出现橘黄色的箭头符号。可以据此确认移动方向。另外，在对象目录中也可以确认移动方向。

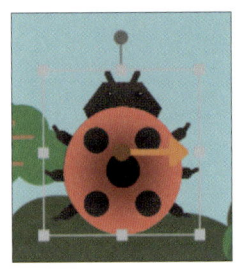

> **Tip**
> 在动作组件中，有【~° 旋转】【旋转至】等组件。这些组件以舞台上方为基准，可从"0°"开始以顺时针方向进行角度设定。"旋转"是以目前的角度为基础设定旋转度数，而"旋转至"是指定方向的最终角度。

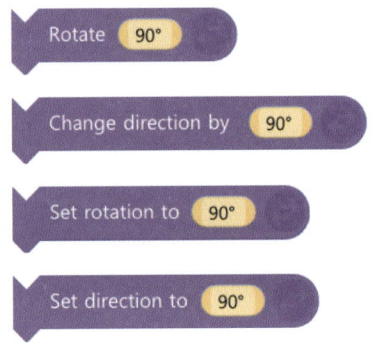

4 模块编程

❶ 点击【▶开始】按钮，设定【瓢虫（1）】的外观以及移动方向。

❷【瓢虫（1）】持续运动，一旦触及背景边缘，则反转移动方向，使其不会脱离背景范围。

> **Tip**
> 【瓢虫（1）】触及背景边缘时，移动路程会变成"-10"。这是因为【瓢虫（1）】改变方向时，再次碰壁，为了使其不在原地打转而设置的。

❸【瓢虫（1）】移动时，移动的线路上被设置出现半透明的线。

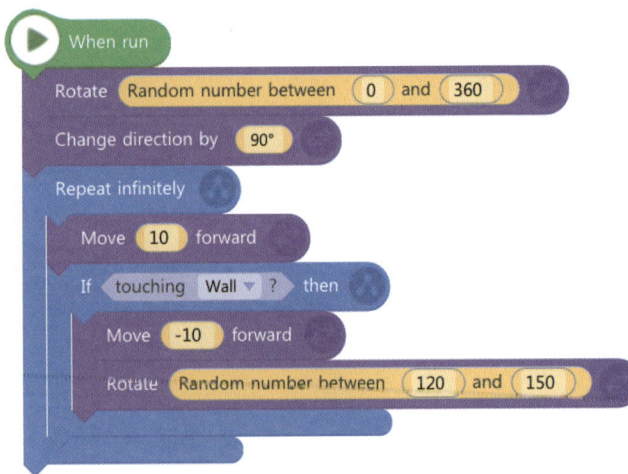

5 确认结果

① 点击运行画面下方的【▶开始】按钮，确认编程结果。

② 可观察到记录【瓢虫（1）】无规律运动的半透明轨迹。

6 更改为 Entry Python 模式

① 在菜单内选择更改模式为 Entry Python。

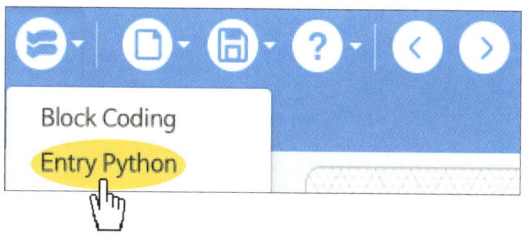

② 浏览文本代码，将其与模块编码模式的所有代码联系起来进行思考。

Tip
　　点击运行画面下方的【▶开始】按钮，则 2 个 when_start（）函数同时开始运行。这就叫作"并列执行"，又可以称为"同步执行"。

```python
1   # Ladybug(1)'s python code
2
3   import Entry
4
5   def when_start():
6       Entry.add_rotation(random.randint(0, 360))
7       Entry.add_direction(0)
8       while True:
9           Entry.move_to_direction(5)
10          if Entry.is_touched("edge"):
11              Entry.move_to_direction(-10)
12              Entry.add_rotation(random.randint(120, 150))
13
14  def when_start():
15      Entry.set_size(80)
16      Entry.start_drawing()
17      Entry.set_brush_color_to("#FFFFFF")
18      Entry.set_brush_transparency(50)
19      Entry.add_brush_size(20)
```

确认所有代码

接下来我们将进行目前为止学习的 Entry 模块编程与 Entry Python 文本编程。

请大家核对作品内使用的所有代码。

模块编程所有代码

点击开始按钮

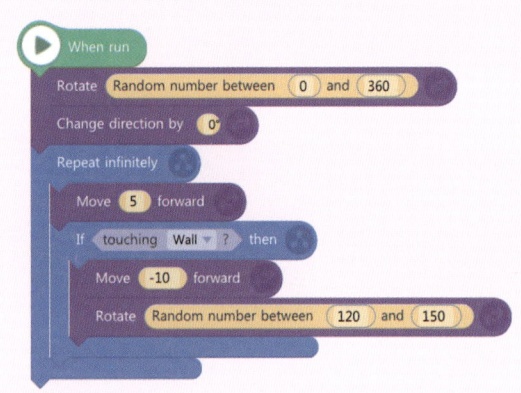

```python
5   def when_start():
6       Entry.add_rotation(random.randint(0, 360))
7       Entry.set_direction(0)
8       while True:
9           Entry.move_to_direction(5)
10          if Entry.is_touched("edge"):
11              Entry.move_to_direction(-10)
12              Entry.add_rotation(random.randint(120, 150))
```

```python
14  def when_start():
15      Entry.set_size(80)
16      Entry.start_drawing()
17      Entry.set_brush_color_to("#FFFFFF")
18      Entry.set_brush_transparency(50)
19      Entry.set_brush_size(20)
```

挑战习题

正确答案：163页 ▶▶▶

表示瓢虫移动线路的半透明轨迹看起来有点无聊，请尝试运用之前学习的内容进行修改吧。

 问题

请尝试跟随瓢虫移动线路，制作透明度随机的半透明线。

提示

请参照如下组件进行制作。组件可以重复使用。

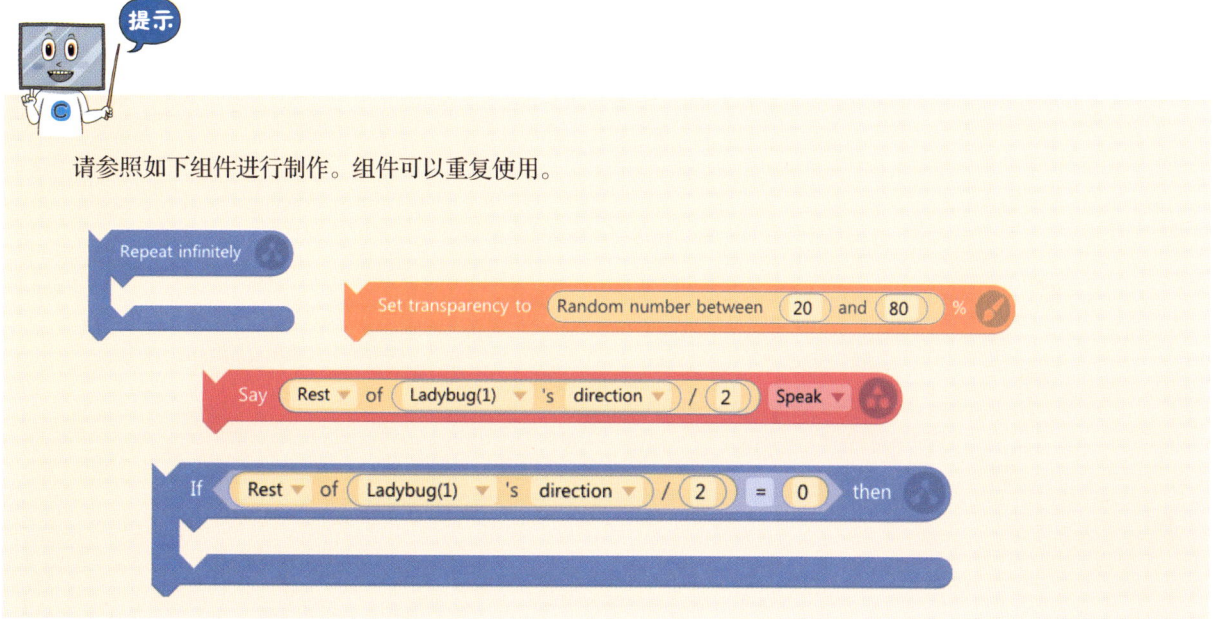

第7天 加法问答

学什么？

- 利用变量存储即将使用的值，并学习使用方法
- 了解如何以交互方式接收用户的指令
- 利用随机数，进行计算机加法运算

完成作品预览

想跟老师一起进行加法问答吗？老师出题后，用户在空格内填上答案。之后，用户可以确认自己的答案正确与否。

了解对象与组件

对象

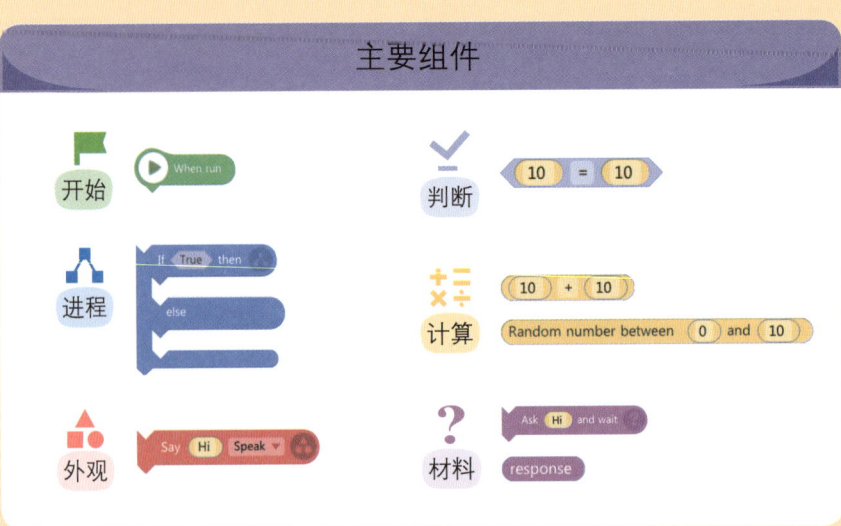

主要组件

开始 When run

进程 If True then / else

外观 Say Hi Speak

判断 10 = 10

计算 10 + 10 / Random number between 0 and 10

材料 Ask Hi and wait / response

跟我来编程

1 开始

❶ 在菜单中选择【文件→新建】。

❷ 进入出现 Entry 机器人与基本组件的画面，开始编程。

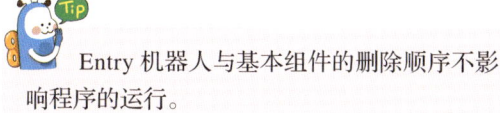
Entry 机器人与基本组件的删除顺序不影响程序的运行。

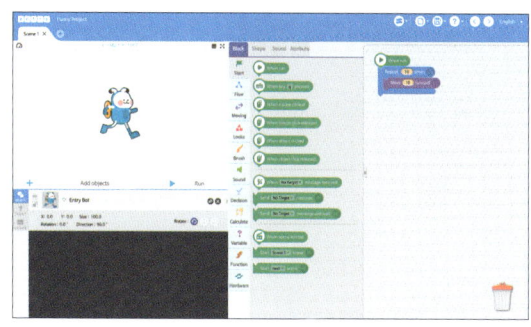

2 组建对象

❶ 点击运行画面下的【添加对象】按钮，在【人】组内选择【教师（1）】，并放置到运行画面内。

❷ 点击【添加对象】按钮后，在【背景－室内】组内选择【课堂游戏】，并放置到运行画面内。

3 增加变量

① 在组件包的【属性】选项卡中点击变量。

② 点击【增加变量】，输入"第一个数"与"第二个数"，点击【确认】，即制成了变量组件。

Tip

● 在数码世界中，变量就像盛食物的碗一样，是数据的容器。它由容器的名字（变量名称）与容器内的值（数据）组成。

● 如果变量的名称内出现空格，则无法转换为 Entry Python 模式。因此变量名称中不插入空格。

4 组件编程

① 点击【▶开始】按钮，使得程序在【第一个数】与【第二个数】变量内生成从 10 到 19 的两个随机数。之后询问两数相加的结果，并等待用户的回答反馈。

② 用户在空格内输入答案后，点击确认键，程序会对比用户答案与正确答案，并将结果告知用户。

5 确认结果

① 点击运行画面下方的【▶开始】按钮，确认编程结果。

② 【教师（1）】随机提出加法问题，出现让用户输入回答的空格。

③ 用户在空格内输入答案，程序核对答案是否正确。

6 更改为 Entry Python 模式

① 在菜单内选择更改模式为 Entry Python。

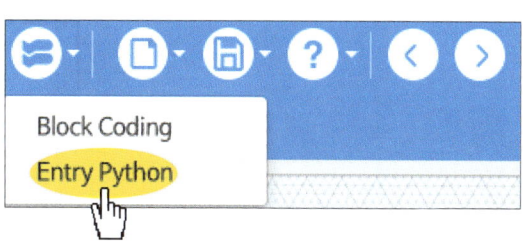

② 浏览文本代码，将其与模块编码模式的所有代码联系起来进行思考。

> **Tip**
> ● random.randint（,）可在给定的两个数字之间返回随机值。
> ● Entry.input（ ）是从用户处接收值的指令。
> ● if-else 是比较语法。If 判断括号内的内容，若其为真（True），则运行 if 句子，若其为假（False），则运行 else 句子。
> ● 运算符 "=" 判断运算符左边与右边是否相等，并返回结果为真（True）与假（False）。

```
1   # Teacher(1)'s python code
2
3   import Entry
4
5   第一个数 = 0
6   第二个数 = 0
7
8   def when_start():
9       第一个数 = random.randint(10, 19)
10      第二个数 = random.randint(10, 19)
11      Entry.input("两数相加等于多少？")
12      if (Entry.answer() == (第一个数 + 第二个数)):
13          Entry.print("回答正确。^^")
14      else:
15          Entry.print("回答错误。T T")
```

确认所有代码

接下来我们将进行目前为止学习的 Entry 模块编程与 Entry Python 文本编程。

请大家确认作品内使用的所有代码。

模块编程所有代码

```
When run
Set 第一个数 ▼ to Random number between (10) and (19)
Set 第二个数 ▼ to Random number between (10) and (19)
Ask 两数相加等于多少？ and wait
If (response = (Value of 第一个数 ▼) + (Value of 第二个数 ▼)) then
    Say 回答正确。^^ Speak ▼
else
    Say 回答错误。T T Speak ▼
```

文本编程所有代码

```python
1  # Teacher(1)'s python code
2
3  import Entry
4
5  第一个数 = 0
6  第二个数 = 0
7
8  def when_start():
9      第一个数 = random.randint(10, 19)
10     第二个数 = random.randint(10, 19)
11     Entry.input("两数相加等于多少？")
12     if (Entry.answer() == (第一个数 + 第二个数)):
13         Entry.print("回答正确。^^")
14     else:
15         Entry.print("回答错误。T T")
```

 **挑战习题**

正确答案：164页 ▶▶▶

和老师一起来挑战加法问答如何？如果回答错误问答游戏就终止，不是很可惜吗？让我们来尝试运用之前学过的知识编写回答错误后可以重新答题的程序吧。

 **问题**

用户回答错误后有重新答题的机会，直到答对为止。尝试重新编写这样的程序吧。

提示

请参照如下组件进行编程。可以重复使用组件。

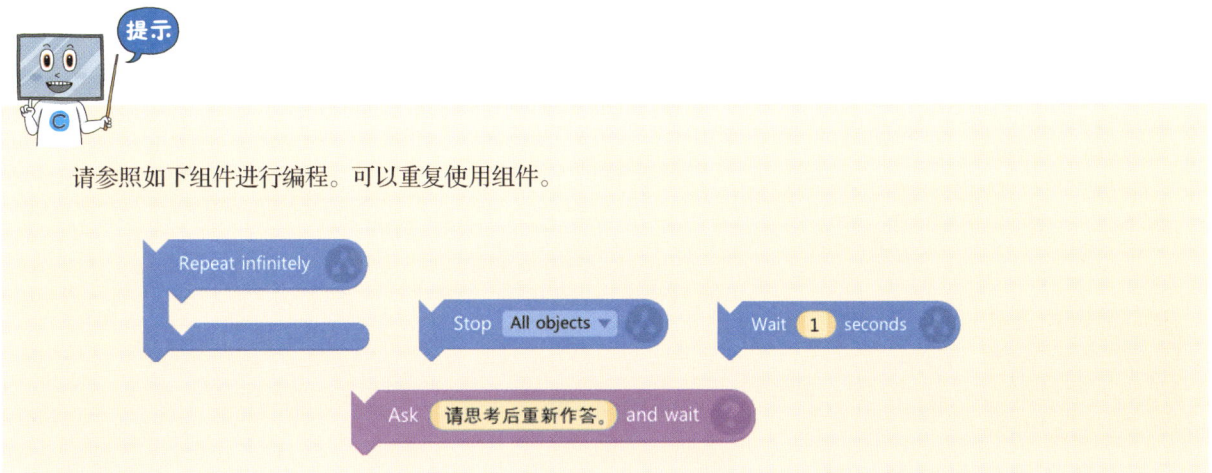

第8天 日程管理小程序

学什么?

- 使用文本框组件，学习组建对象
- 使用列表同时存储几个值，并学习使用方法
- 尝试组合各种不同的组件，编写不同功能的代码

完成作品预览

要做的事情太多，会不会让你感到很混乱？今天我们来制作可以写下待办事项的日程管理程序，来试着管理自己的日程吧。

了解对象与组件

跟我来编程

请按照以下顺序尝试进行模块编程吧。 ▶▶▶

1 开始

❶ 在菜单中选择【文件→新建】。

❷ 进入出现 Entry 机器人与基本组件的画面，开始编程。

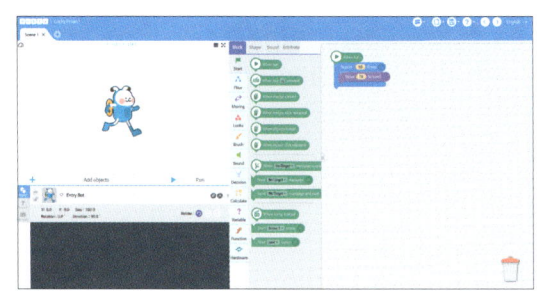

> **Tip**
> Entry 机器人与基本组件的删除顺序不影响程序的运行。

2 组建对象

❶ 点击运行画面下的【添加对象】按钮，在【背景 – 室内】组内选择【学校背景】，并放置到运行画面内。

❷ 点击【添加对象】按钮后，在【文本框】菜单内设置字体、字体颜色、背景颜色等。

> **Tip**
> 文本框是处理文字的特殊对象。文本框组件拥有输入文字、删除文字等功能。

❸ 在文本框内制造【增加】【删除】【更改】【全部删除】等对象，并增加至运行画面内。

> **Tip**
> 点击运行画面中的对象，组件包内的笔刷组件组名称将变为"文本框"。点击文本框，可以看到与该对象相关的组件。

3 ▶ 添加变量与列表

❶ 在组件包中的【属性】标签内点击变量，添加名为"要更改的编号"的变量。

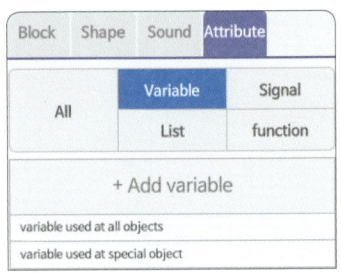

> **Tip**
> 在列表内修改今日待办事项时，用户选择的编号将被临时存储。

❷ 在组件包的【属性】标签内点击列表，添加名为"今日待办事项"的列表。

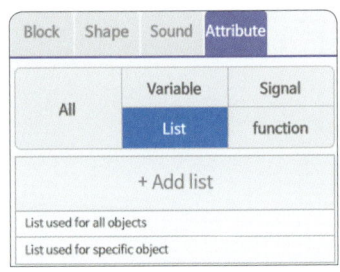

> **Tip**
> ● 列表是一种特殊的变量类型，用于储存值。常规变量储存一个变量的值，但列表可以储存多个值。
> ● 列表名称内如果出现空格，则无法转换为 Entry Python 模式。

❸ 可以在运行画面内查看到，【要更改的编号】变量与【今日待办事项】列表已添加完成。

4 ▶ 模块编码

❶【增加】选择该对象，使得用户能够在列表内增加"今日待办事项"。

❷【删除】选择该对象，即可在"今日待办事项"列表内，按照用户输入的顺序对待办事项进行删除。

❸【更改】选择该对象，即可在"今日待办事项"列表内，用户输入想要更改的顺序的编号，即可对内容进行更改。

❹【全部删除】选择该对象，即可使用户在"今日待办事项"列表内删除所有待办事项。

5 确认结果

❶ 点击运行画面下方的【▶开始】按钮，确认编程结果。

❷ 点击运行画面中的【增加】【删除】【更改】【全部删除】对象，尝试计划今日待办事项。

6 变更为 Entry Python 模式

❶ 点击右上方菜单中的第一个图标。在更改模式中点击 Entry Python 模式。

❷ 在运行画面内点击【增加】对象，则可浏览该对象文本代码。点击其他对象，将其与模块编码模式的所有代码联系起来进行思考。

```
1   # 添加's python code
2
3   import Entry
4
5   要更改的号码 = 0
6   k1v7 = 0
7   今天的待办事项 = []
8
9   def when_click_object_on():
10      Entry.input("请输入今天的待办事项_")
11      今天的待办事项.append(Entry.answer())
```

确认所有代码

接下来我们将进行目前为止学习的 Entry 模块编程与 Entry Python 文本编程。

请大家核对作品内使用的所有代码。

模块编程所有代码

文本编程所有代码

```
1   # 添加's python code
2
3   import Entry
4
5   要更改的号码 = 0
6   k1v7 = 0
7   今天的待办事项 = []
8
9   def when_click_object_on():
10      Entry.input("请输入今天的待办事项。")
11      今天的待办事项.append(Entry.answer())
```

```
1   # 删除's python code
2
3   import Entry
4
5   要更改的号码 = 0
6   今天的待办事项 = []
7
8   def when_click_object_on():
9       Entry.input("要删除今天的哪一项待办事项呢？（请输入代表顺序的数字。）")
10      if (Entry.answer() <= len(今天的待办事项)):
11          今天的待办事项.pop(Entry.answer() - 1)
```

```
1   # 更改's python code
2
3   import Entry
4
5   要更改的号码 = 0
6   今天的待办事项 = []
7
8   def when_click_object_on():
9       Entry.input("要更改今天的哪一项待办事项呢？（请输入代表顺序的数字。）")
10      if (Entry.answer() <= len(今天的待办事项)):
11          k1v7 = Entry.answer()
12          Entry.input("请输入要更改的号码。")
13          今天的待办事项[要更改的号码 - 1] = Entry.answer()
```

```
1   # 全部删除's python code
2
3   import Entry
4
5   要更改的号码 = 0
6   今天的待办事项 = []
7
8   def when_click_object_on():
9       Entry.input("确定要全部删除吗？(YES/NO)")
10      if (Entry.answer() == "YES"):
11          for i in range(len(今天的待办事项)):
12              今天的待办事项.pop(0)
```

挑战习题

正确答案：165页 ▶▶▶

大家有没有理解使用文本框制造对象的方法呢？请尝试运用之前学习过的内容吧。

问题

请尝试让学生们解出黑板上写的加法问题吧。

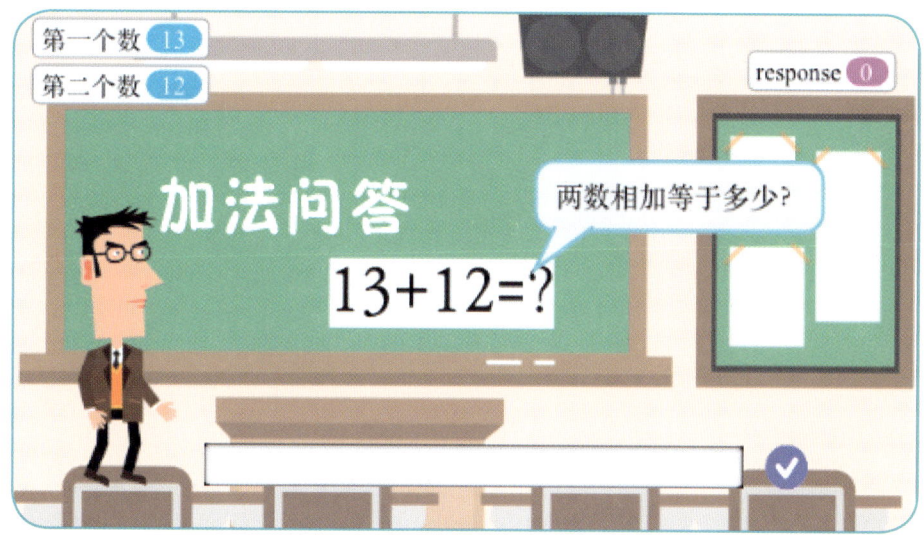

提示

请参照以下组件进行编程。可以重复使用组件。

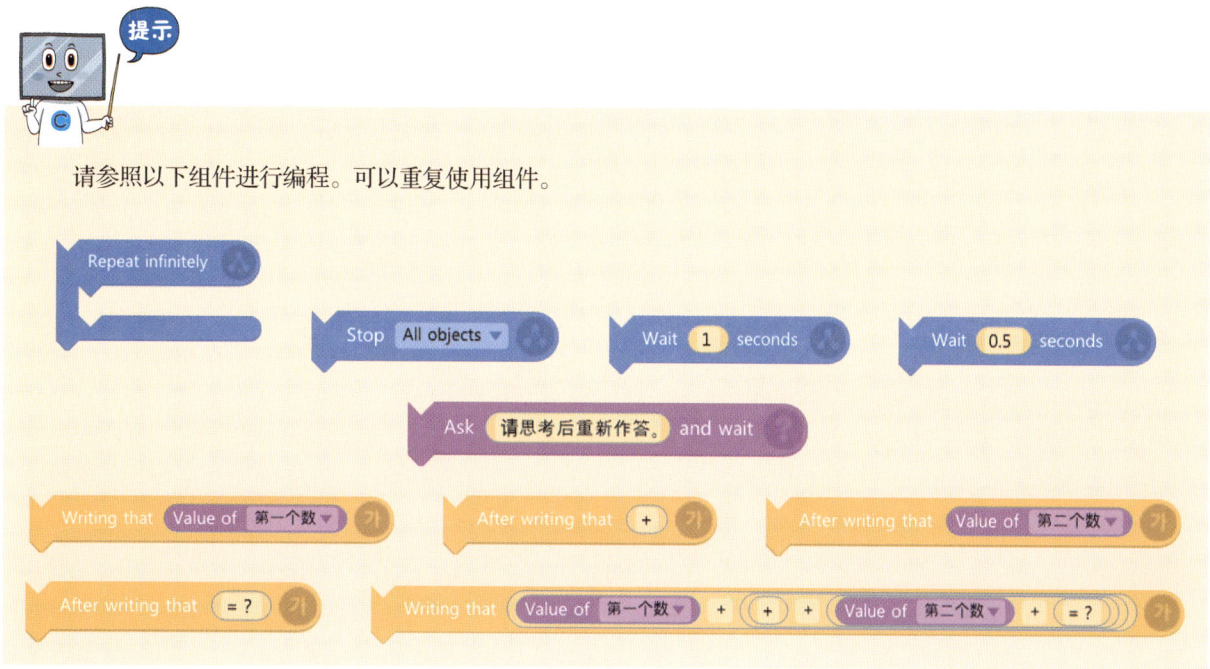

第 3 章
开始学习 Python

 准备Python之旅

 开始学习Python

 数据类型

 用乌龟画画

 操作程序的流程

 节约代码的编程

 灵活运用内置函数

 灵活运用模块

开始学习 Python

我完全熟悉模块编程与文字编程的差别了！

让我们去学习正规的文字编程吧！

if on edge, bounce
Entry.bounce_on_edge()

好有趣呀！

那么孩子们，下次再来玩呀！

再见！

东炫同学，娟娟同学，回家路上要小心呀。

得跟可丁说，让他把我们送去 Python 世界啊……

可丁啊～

咚咚！让我重新把你们送去 Python 世界。准备好！

咻咻～

咻～

锵锵！

到啦！！！

你们好，见到你们很高兴！

孩子们好！欢迎来到 Python 的世界！

你们知道吗？Python 是人气最高的编程语言。

嗯！

作为开始学习文字编程的计算机语言，Python 十分有名！

Python 的特点：
1. 语法简单易学。
2. 没有复杂的程序，可直接获得编程结果。
3. 可以在多个领域灵活使用！

第9天

准备 Python 之旅

学什么？

- 了解 Python 主页菜单以及设置方法
- 了解除 Python 基本编辑器以外的其他编辑器，以及 Python 指令
- 浏览 Python 学习参考网站

1 浏览 Python 主页 [www.python.org] 的主要菜单

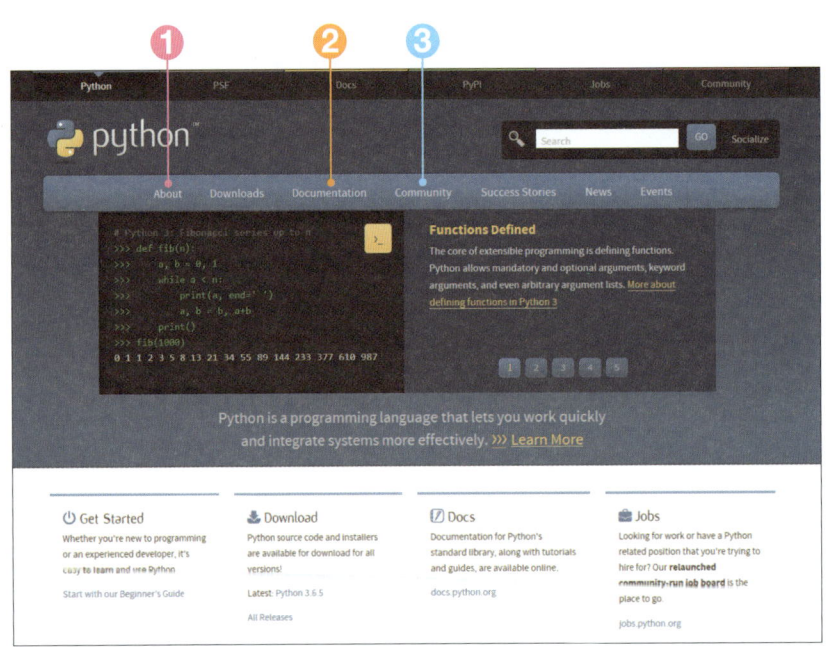

❶ About：帮助初学者轻松了解程序设置等操作。

❷ Documentation：程序使用说明书。介绍编程时需要遵守的文法，通过各种例题仔细说明使用方法。

❸ Community：Python 用户共同的交流空间，在这里人们可以进行提问并分享操作 Python 的小窍门。

Python 主页语言为英语，因此同学们浏览主页可能会有些困难。但即使偶尔进去看一看，熟悉其中经常使用的英语单词，也会对使用 Python 有很大帮助。

2 设置 Python

1. 在 Python 主页菜单点击【Download】按钮，进入下载页面。

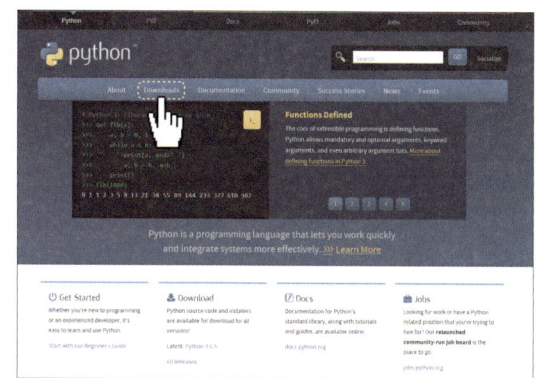

2. 点击画面靠左的【Download Python】按钮，获得最新版本 Python 程序。

本书使用的 Python 版本是 [Python 3.7.0（32-bit）Setup]。Python3.5 以上版本只能在 Windows XP 以上的操作系统运行。因此安装之前请确认电脑操作系统版本。

3. 点击下载完成的程序，运行 Python 安装向导。点击【Install Now】，开始安装程序。

若点击【Customize installation】，则可选择程序安装的路径与主要功能。

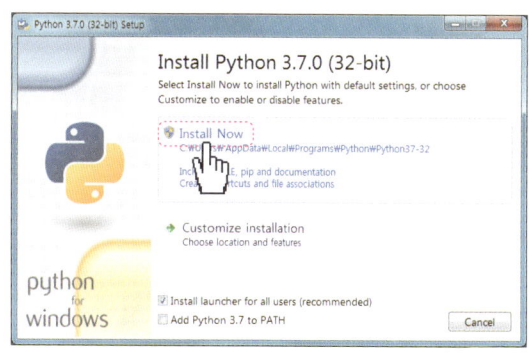

4. 等待安装完成。

若出现名为【MAX-PATH】的提示，则是因为选择的路径名太长，导致超出字符限制。请中断安装，回到【Customize installation】步骤，更换为名称较短的路径或解除路径名称长度限制。

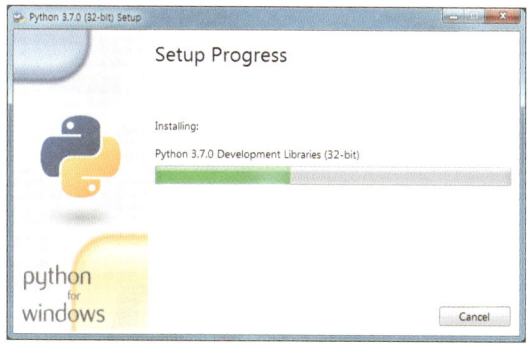

5. 弹出安装成功窗口之后，Python 的安装就顺利完成了。

6. 安装完成后，启动 Windows 系统时，会输出 Python 程序的安装信息。

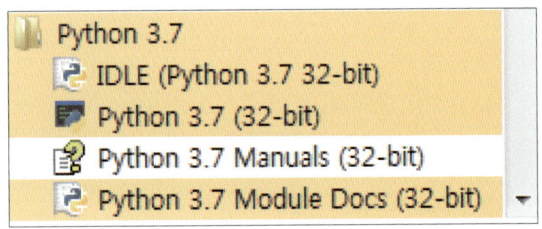

7. 点击 IDLE 编辑器，出现可以编程的窗口。现在，Python 之旅的所有准备已经就绪。

> Tip
> "\>\>\>" 标识的名称是 Prompt，是已做好接收指令准备的标识。在此标识的右边输入指令。在 Prompt 上分别输入 3 种单词（copyright, credits, license），按回车键 Enter ⏎，可以浏览信息。

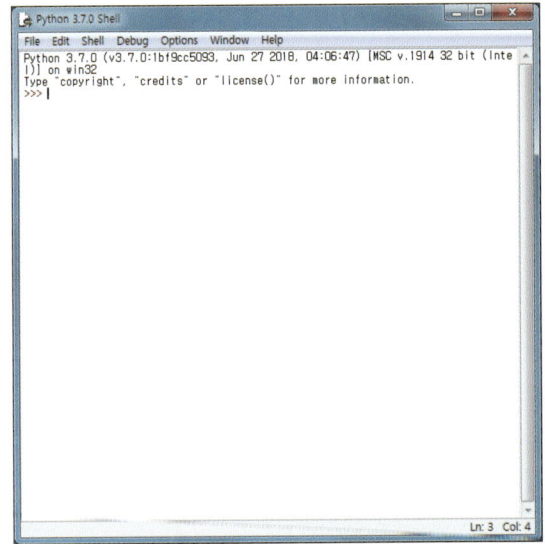

1. Visual Studio Code

code.visualstudio.com

Visual Studio Code 作为微软开发的源代码编辑器，可以在 Windows、Mac OS、Linux 操作系统中使用。除了 Python，还支持 html、Java Script 等各种语言。

提示

请参考附录 184 页 Visual Studio Code 的安装与使用方法。

2. Sublime Text3

www.sublimetext.com

作为一个曾给予其他许多程序以灵感的编辑器，Sublime Text3 是很有名的文字编辑器。

Tip 在 Package Control 主页（packagecontrol.io）上有许多可以简便设置 Sublime Text3 的安装包可供安装使用。

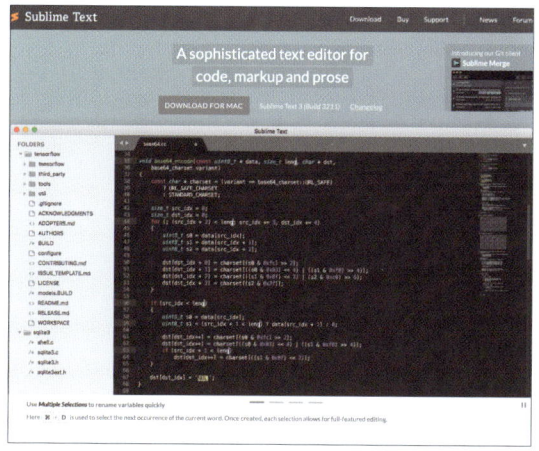

3. PyCharm

www.jetbrains.com/pycharm/

作为 Python 的集成开发环境，可以在 Pycharm 主页使用社区版程序。正式版需要付费购买，社区版程序的部分功能受到限制。

Tip Pycharm 编辑器拥有各种不同功能，使其能够更有效率地进行 Python 开发。熟悉 Python 语言之后，推荐使用 Pycharm 编辑器。

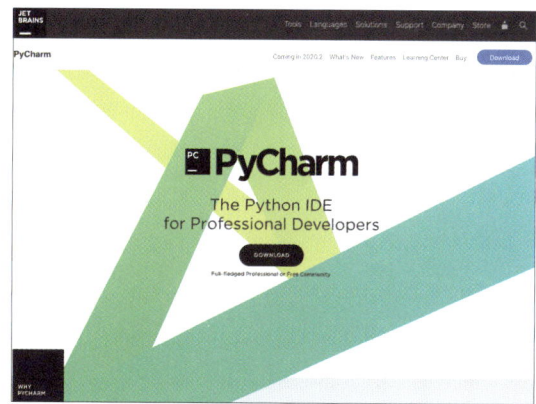

1. **基本术语**

● **变量**

是存储某个值的容器，可以同时存储一个或多个值。另外，变量可分为只在一定范围内生效的"局部变量"与在所有范围内生效的"全局变量"。

● **标识符**

是为了识别变量、函数等而使用的名称，一般用字母表示。标识符中不能使用关键词或空格，第一个字符不能为数字。特殊符号中，只有"下划线（_）"可以使用。

● **关键词**

在编程语言中被赋予特殊含义的词汇。在编写代码时，无法作为标识符使用。例如：break, if, not, while, with, true 等。

● **函数**

执行特殊计算或功能并使用标识符使其更易于重新使用的代码的集合。为了与变量相区别，在标识符之后添加了括号。不同的是，没有名称也可以使用函数。例如：print（ ）等。

● **注释**

编写程序时写下必要内容的说明句子，不包括指令，程序运行时不会被运行。注释以前面的"#"符号作为标记。

● **数据类型**

区别值的类型。例如：文字（str），定量（int），实数（float）等。

 标识符是在编程空间内为区分数据而分配给数据的唯一名称。

2. **标识符 (keyword)**

and	as	assert	break	class
continue	def	del	elif	else
except	finally	for	from	global
if	import	in	is	lambda
nonlocal	not	or	pass	raise
return	try	while	with	yield
False	None	True		

5 探索 Python 学习参考网站

玩蛇网

iplaypy.com

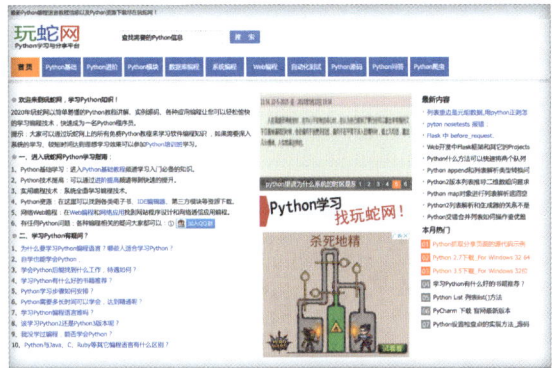

Python 脚本之家

jb51.net/list/list_97_1.htm

Python 慕课

http://www.imooc.com/course/list?c=python

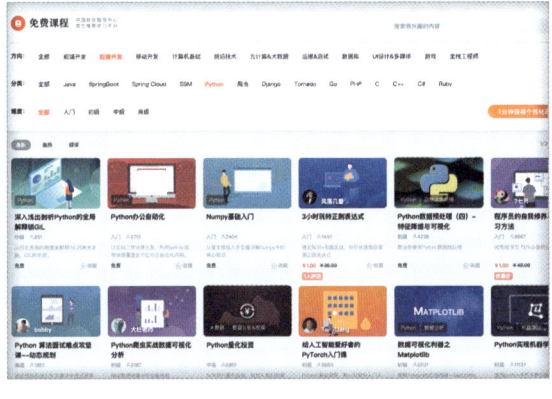

Python 慕课中国

https://www.mooc.cn/python

ActiveState Code

code.activestate.com/recipes/langs/python/

可以查找并学习 Python 以及相关代码教程的网站，可以按照热度查看帖子。

stackoverflow

stackoverflow.com/questions/tagged/python

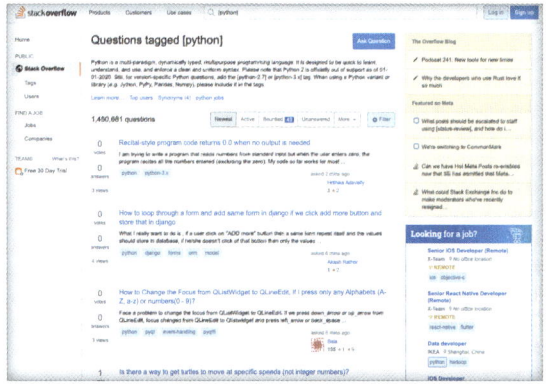

可以交流编程有关信息的知识共享网站，可以查看各种与编程有关的问答。

第10天 开始学习 Python

学什么?

- 学习在编程画面内输出简单内容并保存的方法
- 学习文字组合的方法以及计算数字的方法
- 学习声明变量以储存其值以及重新使用变量的方法

完成作品预览

使用 Python 的基本编辑器 IDLE,尝试随机地运行 Python 吧。尝试输出简单的内容,并对数字进行演算吧。

```
Python 3.7.0 Shell                                              □ ▣ ✕
File  Edit  Shell  Debug  Options  Window  Help
Python 3.8.3 (v3.8.3:6f8c8320e9, May 13 2020, 16:29:34)
[Clang 6.0 (clang-600.0.57)] on darwin
Type "help", "copyright", "credits" or "license()" for more information.
>>> print('Hello World')
Hello World
>>> print("Hello World")
Hello World
>>> print("Python, 认识你很高兴! ")
Python, 认识你很高兴!
>>>
>>> 20 + 10
30
>>> 20+10
30
>>> 20-10
10
>>>
                                                        Ln: 16  Col: 4
```

了解要学习的项目

要学习的项目	指令	表现 / 说明		
打印	print()	print ('Hello World!') print ('Python 你好!')		
基本运算	加法	+	加法 (9+3)	
	减法	−	减法 (9−3)	
	乘法	*	乘法 (9*3)	
	除法	/	除法 (9/3)	
变量	变量	name= "Python" age=13		

 **跟我来编程**

1 打印

❶ 打开新文件

– 在 IDLE 编辑器的菜单内选择【File → New File】。

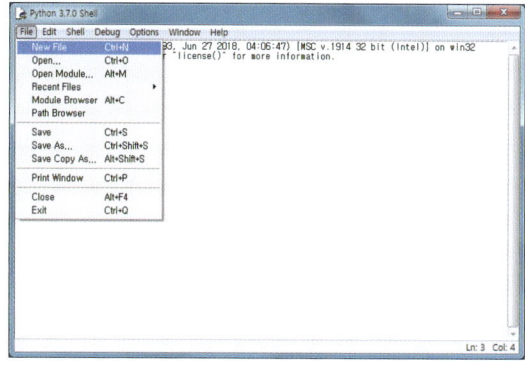

– 在 IDLE 编辑器内打开非 prompt 窗的新窗口，在这个窗口开始 Python 编程。

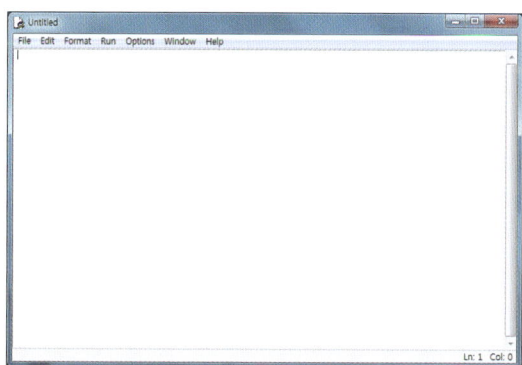

❷ 在画面内输出文字

– 在新窗口内输入 prompt 指令（>>>）后输出文字的指令。

– 在 IDLE 编辑器内使用 print（）函数，在括号内输入要输出的文字，点击 Enter↵，即完成了第一个程序的编写。

> • 输入括号内文字时，要注意文字要放入引号内。可以使用单引号（''），也可以使用双引号（""）。
> • 括号内输入的数据被称为"参数"，它负责传递给 print 函数。

```
>>> print('Hello World')
Hello World
>>> print("Hello World")
Hello World
>>> print("Python，认识你很高兴！")
Python，认识你很高兴！
```

❸ **在画面内输出数字**

– 在 IDLE 编辑器内使用 print（ ）函数，在括号内输入将输出的数字，点击 `Enter ↵` 。

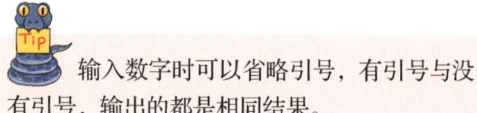
输入数字时可以省略引号，有引号与没有引号，输出的都是相同结果。

```
>>> print(33)
33
>>> print('33')
33
```

– 当数字与文字同时输出时，一定要加入引号。如果不加引号，则会发生错误。

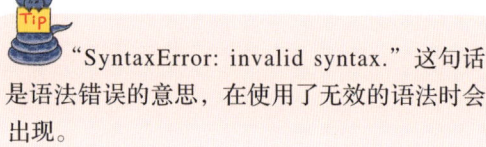
"SyntaxError: invalid syntax." 这句话是语法错误的意思，在使用了无效的语法时会出现。

```
>>> print("12岁")
12岁
>>> print(12岁)
SyntaxError: invalid syntax
```

– 在括号内输入逗号（，）可以区分多个值。

```
>>> print(10,20,30)
10 20 30
>>> print('Python','认识你很高兴！')
Python认识你很高兴！
>>> print('今年是',2018,'年。')
今年是 2018 年。
```

2 注释

– 在 IDLE 编辑器内，利用 print（ ）函数在括号内输入要输出的文字。

– 输入 "#" 符号后，再输入 "注释不在结果中显示。" 的注解。

```
>>> print("加油！")
#注释不在结果中显示。
加油！
```

在 Prompt 中，以 "#" 开始的句子都会被 Python 识别为指令中的注释，并无视。如果使用其他符号，则会发生语法错误。

3 ▶ 了解 Escape

- 引号内用引号表现。

- 引号依据其开始和结束而在其内部形成字符串（string）。
- 若需要在引号内使用引号，则需要各自使用不同的引号。

```
>>> print("I'm a student.")
I'm a student.
```

- 若要在引号内使用相同的引号，则需要在之前增加 Escape 文字。Escape 需要用反斜杠（\）表示，在 Windows 系统中则使用"₩"表示。

- 使用 Escape，则立即无视下一个符号。
- ₩t：在键盘上点击 Tab 键 ⇥，则按照点击距离给字体之间空出格。
- ₩n：换行。
- ₩₩：输出 ₩。

```
>>> print('I'm a student.')
I'm a student.
>>>
>>> print("你₩t好₩t啊。")
你    好    啊。
>>>
>>> print("你好₩n啊。")
你好
啊。
>>>
>>> print("₩₩你好₩₩啊。")
₩你好₩啊。
```

4 ▶ 运算

❶ 运用"加（+），减（−），乘（*），除（/）"四则运算来进行数字计算。

- 数字与符号之间可以加入空格，也可以不加空格。
- 在除法的情况下，即使结果是整数，也将以实数形式（float）表示。

```
>>> 20 + 10
30
>>> 20+10
30
>>> 20−10
10
>>> 20*10
200
>>> 20/10
2.0
```

❷ 利用"//，%，**"等其他运算符号进行数字计算。

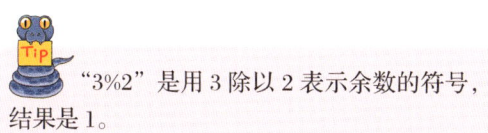
"3%2"是用 3 除以 2 表示余数的符号，结果是 1。

```
>>> 3 // 2    #小数点后省略。
1
>>> 3 % 2    #显示余数。
1
>>> 3 ** 2    #显示平方数。
9
```

5 了解变量的使用方法与活用方法

❶ 使用变量

– 创建名为【我的盒子】的变数，为其配置定量 300。

> 💡Tip
> ● 编程中的 "=" 与数学中的含义是不同的，两者很容易混淆。"A=B" 的含义是将 B 的值分配给 A，即 "赋值运算符"。先执行等号右侧，再将其结果分配至等号左侧。
> ● 虽然变量名称使用汉字（译者注：原文为韩文）【我的盒子】表示，但最好不要使用汉字。在有的 Python 版本内，标识符使用汉字会发生错误。
> ● 若使用未声明的变量名称，则会发生错误。

```
>>>我的盒子 = 300
>>> print(我的盒子)
300
>>> mybox = '300元'
>>> print(mybox)
300元
>>> print(myboxes)
Traceback (most recent call last):
  File "<pyshell#4>", line 1, in <module>
    print(myboxes)
NameError: name 'myboxes' is not defined
```

❷ 灵活运用变量

– 声明名为【mybox】的变数，为其配置定量 300。

– 声明名为【yourbox】的变数，为其配置【mybox】。

–【yourbox】和【mybox】的值都是整数 300。

> 💡Tip
> 并不是两个变数各自包含定量 300，而是只有【mybox】的实际值为 300。【yourbox】的值指向【mybox】的值，这种情况被称为 "参考"。

```
>>> mybox = 300
>>> yourbox = mybox
>>> print(yourbox)
300
>>> print(mybox)
300
```

– 一般将单词首字母大写，或是在单词之间输入 "下划线（_）"。虽然两种形式都可区分单词，但一致使用同一种方法比较好。

> 💡Tip
> 碰触到画面边缘时改变方向。

```
>>> CountofBox = 200
>>> print(CountofBox)
200
>>> count_of_box = 200
>>> print(count_of_box)
200
```

挑战习题

正确答案：166页 ▶▶▶

 问题

这一章里我们学习了让简单内容输出在画面内的方法、数字运算以及使用与活用变量的方法。那么现在我们就来尝试练习一下学过的内容吧。

1. 请尝试将如下的多行长句在画面内输出。

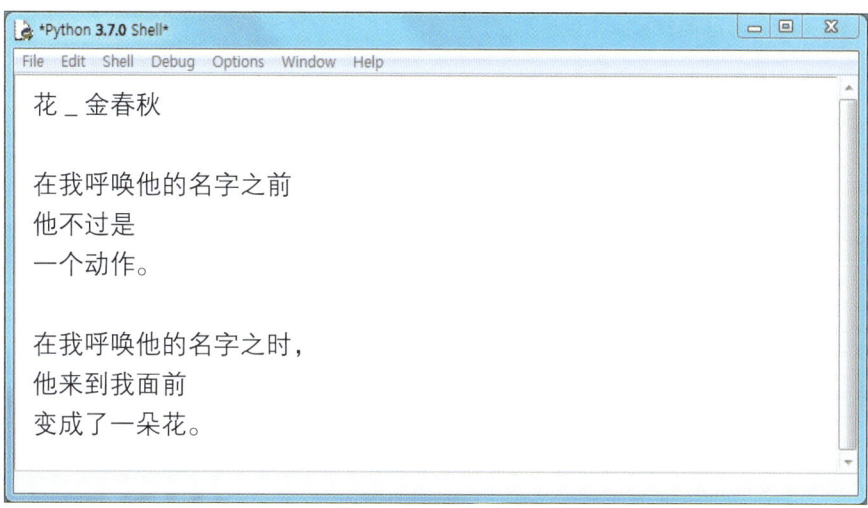

```
花 _ 金春秋

在我呼唤他的名字之前
他不过是
一个动作。

在我呼唤他的名字之时，
他来到我面前
变成了一朵花。
```

2. 请尝试构建以下包含四则运算的公式，并将答案填写在空格内。

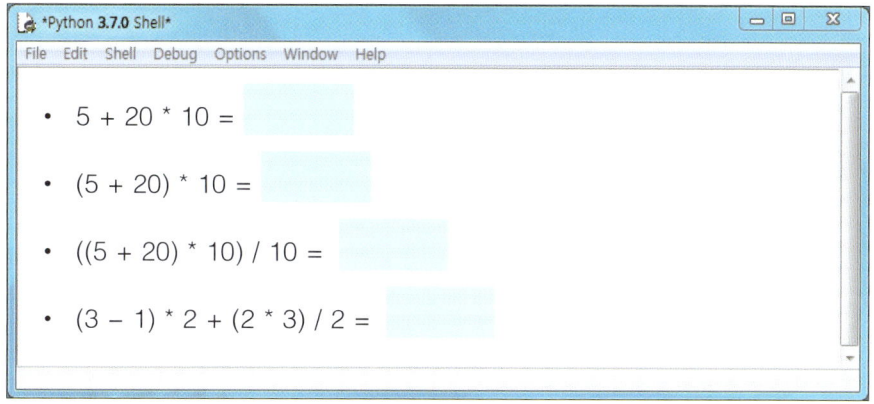

```
• 5 + 20 * 10 =

• (5 + 20) * 10 =

• ((5 + 20) * 10) / 10 =

• (3 - 1) * 2 + (2 * 3) / 2 =
```

3. 请按照如下格式尝试使自己的名字在画面内输出。

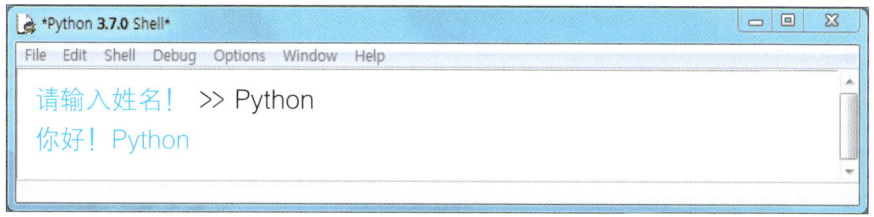

```
请输入姓名！ >> Python
你好！Python
```

第11天　数据类型

学什么?

- 学习正确编写 Python 编码的语法,并学习将其存储为文件的方法
- 了解什么是数据类型
- 学习字符串、列表、元组以及字典的含义,并学习灵活运用的方法

完成作品预览

　　觉得 Python 编程很难? 那么我们来试着按照 Python 语法正确地编写代码并学着存储生成的文件吧。然后运行储存的文件,核实运行结果。另外,思考数据类型是什么,为什么需要它,以及其中有什么内容。

```
Python 3.7.0 Shell
File  Edit  Shell  Debug  Options  Window  Help
Python 3.8.3 (v3.8.3:6f8c8320e9, May 13 2020, 16:29:34)
[Clang 6.0 (clang-600.0.57)] on darwin
Type "help", "copyright", "credits" or "license()" for more information.
>>> height = 165 # 身高: 165cm
>>> weight = 50 # 体重: 50kg
>>>
>>> BMI = weight / (height/100 * height/100) # 身高换算成m。
>>>
>>> print('你的BMI指数是',BMI,'。') # 显示BMI指数。
你的BMI指数是 18.365472910927455 。
>>>
                                                            Ln: 10  Col: 4
```

了解要学习的项目

要学习的项目	指令	表现 / 说明
存储文件	*.py	扩展名是 py 执行义件是 python 文件名 .py
基本数据类型	布尔型 (bool)	True, False
	整数型 (int)	123
	实数型 (float)	3.14
	字符串 (str)	'hello world'
经常使用的数据类型	列表 (List)	my_list = ['apple', 'orange', 1, 2]
	元组 (Tuple)	my_tuple = ('apple', 'orange', 1, 2)
	字典 (Dictionary)	my_dict = {'name': 'hong', 'age': 12}

跟我来编程

请按照以下顺序尝试进行文本编程吧。 ▶▶▶

1 ▶ 输出

❶ 新建文档

- 在 IDLE 编辑器菜单内选择【File → New File】。

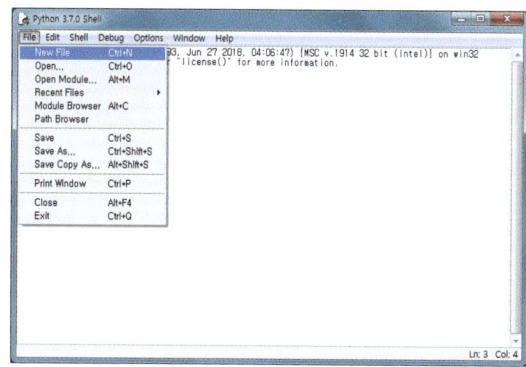

- 在 IDLE 编辑器内打开非 prompt 窗口的新窗口，在此开始 Python 编程。

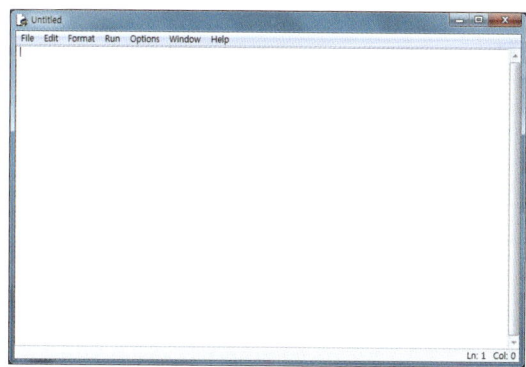

❷ 构建文本编码，储存

- 将身高（height）与体重（weight）声明为变量，利用变量进行 BMI 指数计算并输出。

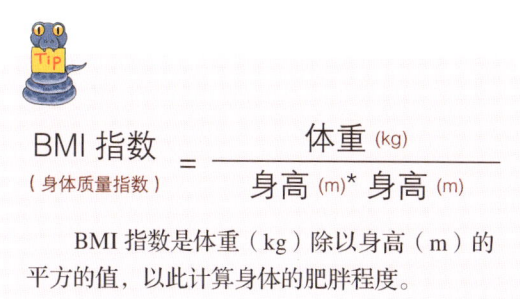

$$BMI\ 指数\ _{（身体质量指数）} = \frac{体重\ _{(kg)}}{身高\ _{(m)} *\ 身高\ _{(m)}}$$

BMI 指数是体重（kg）除以身高（m）的平方的值，以此计算身体的肥胖程度。

- 在菜单内选择【File → Save】，或者同时按下 Ctrl + S，以储存文件。储存文件名为"11.BMI.py"。

```
>>> height = 165  #身高：165cm
>>> weight = 50   #体重：50kg
>>>
>>> BMI = weight / (height/100 * height/100)
#身高单位换算为m。
>>>
>>> print('你的BMI指数是',BMI)
#显示BMI指数。
你的BMI指数是18.365472910927455。
```

基本类型	英文名称	标识	说明	示例
布尔型	boolean	bool	最简单的类型，在真 (True) 与假 (False) 之间选择一个。首字母大写。	easy_python = True
整数型	integer	int	所有整数	my_age = 12
实数型	floating – point number	float	有小数点 (.) 的数。被称为"浮点数"。	pi = 3.14
字符串	string	str	由字母或者其他文字组成的句子。	my_name = 'Python'

❶ 更改数据类型

– 在整数型上加上引号，就成为字符串。

 type（）函数能告知数据类型。

```
>>> my_age = 12
>>> type(my_age)
<class 'int'>
>>> your_age = '12'
>>> type(your_age)
<class 'str'>
```

– 可以通过使用数据类型包装数据来更改数据类型。

```
>>> my_age = str(12)
>>> type(my_age)
<class 'str'>
```

– 如果将实数型变为整数型，则舍弃小数点后的数字，变为整数。

```
>>> pi = int(3.14)
>>> type(pi)
<class 'int'>
>>> pi
3
```

– 数据类型无法变更时，会发生错误。

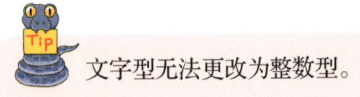 文字型无法更改为整数型。

```
>>> my_name = int('python')
Traceback (most recent call last):
  File "<pyshell#22>", line 1, in <module>
    my_name = int('python')
ValueError: invalid literal for int() with base 10: 'python'
```

❷ 使用布尔运算符

– or: 使用 A or B 形态时，只要一项或以上的值为真（True），则结果为真（True）。

```
>>> True or False
True
>>> False or False
False
```

– and: 使用 A and B 形态时，只有两项值均为真（True），结果才为真（True）。

```
>>> True and True
True
>>> True and False
False
```

– not: 将指令后接的布尔值变为相反的值。

```
>>> not True
False
>>> not False
True
```

❸ 使用比较运算符

– ==: 使用 A == B 形态时，则 A 与 B 相等。

```
>>> 3 == 2
False
```

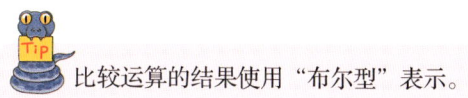 比较运算的结果使用"布尔型"表示。

– !=: 使用 A != B 形态时，A 与 B 不相等。

```
>>> 3 != 2
True
```

– >: 使用 A > B 形态时，A 比 B 大。

```
>>> 3 > 2
True
```

– <: 使用 A < B 形态时，A 比 B 小。

```
>>> 3 < 2
False
```

– >=: 使用 A >= B 形态时，A 比 B 大或与 B 相等。

```
>>> 3 >= 2
True
```

– <=: 使用 A <= B 形态时，A 比 B 小或与 B 相等。

```
>>> 3 <= 2
False
```

基本类型	英文名称	说明	示例
列表	Lists	可以同时具有多个值的数据类型。	list1 = [1, 2, 3, 4, 5]
元组	Tuples	与列表相似，但使用括号或者不用括号表示，值无法进行修改。	tup1 = (1, 2, 3, 4, 5) tup2 = 1, 2, 3, 4, 5
字典	Dictionary	一种数据类型，使用输入键（key）以查找值（value）的形式，将多个数据存储在一个变量中。	dict1={ 'name' : '洪吉童' , 'age' :12, 'address' :'首尔'}

字符串（String）是基本的数据类型，在程序内输出信息时频繁使用。让我们来一起看一看字符串的各种表现方法吧。

❶ 字符串 (Strings)

– 多行处理：若连续使用 3 个引号，则可处理多行的字符串。

```
>>> flower = '''在我呼唤他的名字之前
他不过是
一个动作 。'''
>>> print(flower)
在我呼唤他的名字之前
他不过是
一个动作 。
```

– Escape：在引号内表示引号时使用。

```
>>> print('I\'m a student.')
I'm a student.
```

请参考 "10. 开始学习 Python" 的第 61 页，此页中有关于 Escape 的详细介绍。

– 赋值（formatting）：也被称为嵌入值（embedding value），便于将字符串内的部分值映射到外部变化的值上。

```
>>> destination = '学校'
>>> msg = '我今天去%s 。'
>>> print(msg % destination)
我今天去学校 。
>>>
>>> my_age = 12
>>> msg = '我%d岁 。'
>>> msg % my_age
'我12岁 。'
```

● %s：字符串（string）形式
● %d：数字（decimal）形式

- 字符串计算：若输入"字符串 * 数字"，则字符串会出现数字的次数。

- 寻找字符串位置："find（ ）"与"index（ ）"可将要寻找的文字位置用数字表示出来。

- 字符串的顺序由 0 开始计算，故若得出结果值为 3，则顺序是 4。
- 若字符串中没有想要寻找的文字，则"find（ ）"的返回值为"–1"，而"index（ ）"则会引发错误。

```
>>> print('你好' * 5)
你好你好你好你好你好

>>> why_python = 'solving problem'
>>> why_python.find('v')
3
>>> why_python.index('v')
3
>>> why_python.find('x')
-1
>>> why_python.index('x')
Traceback (most recent call last):
  File "<pyshell#6>", line 1, in <module>
    why_python.index(x)
NameError: name 'x' is not defined
```

❷ **列表 (Lists)**

- 索引（indexing）：找到元素的位置，并返回该元素的值。

 元素的顺序从 0 开始计算。

```
>>> likes = ['apple', 'banana', 'orange']
>>> likes[0]
'apple'
>>> likes[2]
'orange'
```

- 切片（slicing）：提取元素的一部分。

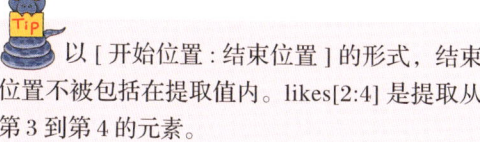 以 [开始位置 : 结束位置] 的形式，结束位置不被包括在提取值内。likes[2:4] 是提取从第 3 到第 4 的元素。

```
>>> likes = [1, 2, 3, 4, 5]
>>> likes[2:4]
[3, 4]
```

- 增加元素：使用列表中的 append（ ）函数，可以在列表内增加元素。

```
>>> basket = [1,2]
>>> basket.append(3)
>>> basket
[1, 2, 3]
```

- 删除元素：使用 del 键，可以删除列表特定位置中的元素。

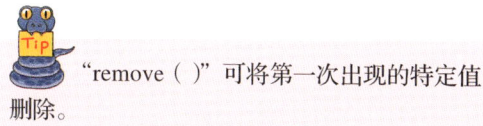 "remove（ ）"可将第一次出现的特定值删除。

```
>>> basket = [1, 2, 3]
>>> del basket[2]
>>> basket
[1, 2]
>>> basket.remove(2)
>>> basket
[1]
```

– 合并列表：使用运算符号中的"加号（＋）"，可以合并 2 个列表。

```
>>> basket1 = [1, 2]
>>> basket2 = ['apple', 'banana']
>>> basket1 + basket2
[1, 2, 'apple', 'banana']
```

❸ 元组 (Tuples)

– 索引（indexing）：找到元素位置，并返回该元素的值。

```
>>> likes = ('apple', 'banana', 'orange')
>>> likes[0]
'apple'
```

– 切片（slicing）：从全部元素中选择部分元素。

 当元组只表示 1 个要素时，在值之后用逗号（,）标示。

```
>>> likes = (1, 2, 'apple', 'banana')
>>> likes[1:2]
(2,)
>>> likes[1:3]
(2, 'apple')
>>> likes[1:]
(2, 'apple', 'orange')
>>> likes[:2]
(1, 2)
```

– 删除元素：元组与列表不同，无法更改或者删除元素。若在元组中对元素进行更改或删除，则会发生错误。

```
>>> basket = 1, 2, 3, 4, 5
>>> del basket[2]
Traceback (most recent call last):
  File "<pyshell#33>", line 1, in <module>
    del basket[2]
TypeError: 'tuple' object doesn't support item deletion
>>> basket[2] = 1
Traceback (most recent call last):
  File "<pyshell#34>", line 1, in <module>
    basket[2] = 1
TypeError: 'tuple' object does not support item assignment
```

– 合并列表：增加列表则会增加元素。此外，若将列表乘以整数，则列表中的元素会以整数的倍数增加。

```
>>> basket1 = 1,
>>> basket2 = 2, 3
>>> basket1 + basket2
(1, 2, 3)
>>> basket1 * 3
(1, 1, 1)
```

❹ 字典 (Dictionary)

– 索引（indexing）: 使用键（key）表示要导入的元素的位置。

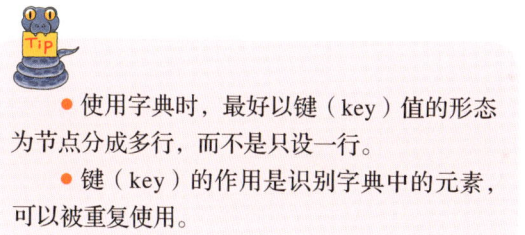

● 使用字典时，最好以键（key）值的形态为节点分成多行，而不是只设一行。
● 键（key）的作用是识别字典中的元素，可以被重复使用。

```
>>> dict1 = {'name': '洪吉童', 'age': 12,
'address': '首尔'}
>>> dict1 = {
        'name' : '洪吉童',
        'age' : 12,
        'address' : '首尔'
        }
>>> dict1['name']
'洪吉童'
```

– 增加元素: 通过配置键（key）与值（value），可以增加元素。

```
>>> info = {'name': 'hong', 'age':12}
>>> info['address'] = 'seoul'
>>> info
{'name': 'hong', 'age': 12, 'address': 'seoul'}
```

– 删除元素: 使用 del 键，可以删除列表特定位之内的元素。

```
>>> info = {'name': 'hong', 'age': 12}
>>> info
{'name': 'hong', 'age': 12}
>>> del info['age']
>>> info
{'name': 'hong'}
```

4 使用帮助文档（help）

当需要 Python 的使用说明书时，只需输入"help（）"，即可得到帮助。

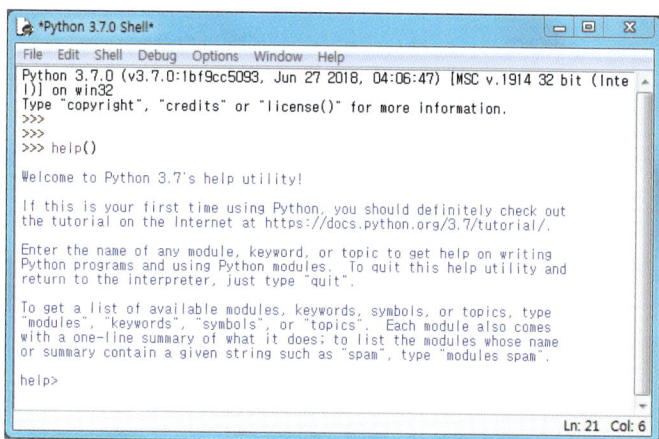

提示

● 查找内部函数: 输入"help（）"，在 help prompt 里输入内部函数名，并输入回车键 Enter↵。
● 类的使用说明书: 输入 help（类名称）。

5 了解内部函数（function）

内部函数是 Python 程序内部可以直接使用的函数。用于定义可以处理字符串、列表以及元组的函数。

① 字符串（Strings）

内部函数	说明
find(str, beg=0 end=len(string))	定位字符串中特定文字初次出现的位置。可以设定开始位置 (beg) 与结束位置 (end)。如果值为空，则用 −1 表示。
index(str, beg=0 end=len(string))	定位字符串中特定文字初次出现的位置。可以设定开始位置 (beg) 与结束位置 (end)。如果值为空，则出现错误。
len(string)	返回字符串的长度。
lower(str)	将大写字母转换为小写字母。
upper(str)	将小写字母转换为大写字母。

② 列表 (Lists)

方法	说明
list.append(obj)	在列表 (list) 内增加元素 (object)。
list.count(obj)	反馈列表 (list) 内的元素 (object) 个数。
list.index(obj)	反馈列表 (list) 内元素 (object) 第一次出现的位置。
list.insert(index, obj)	在列表 (list) 的特定位置 (index) 内插入元素 (object)。
list.remove(obj)	在列表 (list) 内删除初次出现的特定元素 (object)。

③ 元组 (Tuples)

内部函数	说明
dict.clear( )	删除字典中的所有元素。
dict.copy( )	复制字典的值。
dict.get(key, default=None)	反馈键 (key) 的对应值 (value)。
dict.keys( )	反馈字典中的所有键 (key)。
dict.values( )	反馈字典中的所有值 (value)。

挑战习题

正确答案：167页 ▶▶▶

 **问题**

我们已经初步了解了各种数据类型。那么现在来试着运用学习内容吧。

1. 请提取电话号码中的"区号""前四位数字"与"后四位数字"。

```
*Python 3.7.0 Shell*
File  Edit  Shell  Debug  Options  Window  Help
>>> phone = '010-1234-5678'
区号  010
前四位数字  1234
后四位数字  5678
```

2. 请将列表内的元素按照倒序排列。

```
*Python 3.7.0 Shell*
File  Edit  Shell  Debug  Options  Window  Help
>>> basket = [1,2,3,4,5]
[5, 4, 3, 2, 1]
```

3. 运用字典函数输出编程分数。分数变量为：语文 85 分，英语 90 分、数学 80 分、编程 98 分。

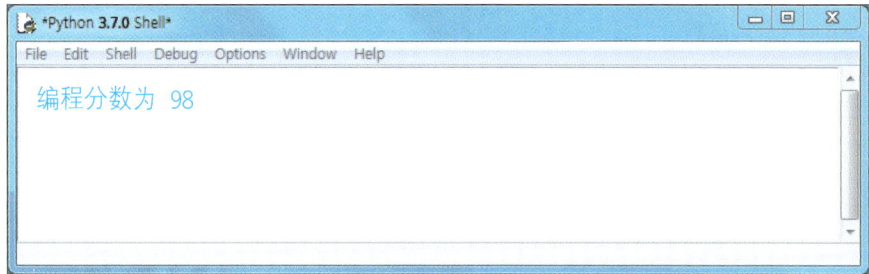

```
*Python 3.7.0 Shell*
File  Edit  Shell  Debug  Options  Window  Help
编程分数为  98
```

第**12**天

用乌龟画画

学什么?

- 可以重复利用代码的模块
- 在画面中画出线与圆
- 指定颜色与位置

完成作品预览

一只乌龟走过之处会留下一条线，用这只乌龟来画画吧？使用 Python 中提供的乌龟 (turtle) 图像制作各种图形吧。

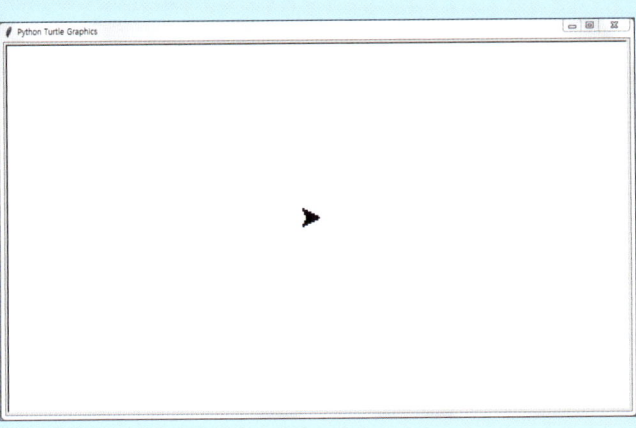

了解要学习的项目

要学习的项目	指令	表现 / 说明
模块	import	可以在另一个 Python 程序中重复使用的代码集合。
	turtle.Pen( )	为使用模块而进行初始化。
乌龟的移动	turtle.forward( )	让乌龟朝行进方向移动。
	turtle.left( )	使乌龟的行进方向逆时针（左侧）转弯。
	turtle.circle( )	画圆。
笔刷属性	turtle.begin_fill( )	开始涂色。
	turtle.color( )	指定颜色。
	turtle.end_fill( )	终止涂色。

跟我来编程

请按照以下顺序尝试进行文本编程吧。 ▶▶▶

1 输出

新建文档

– 在 IDLE 编辑器菜单内选择【File → New File】。

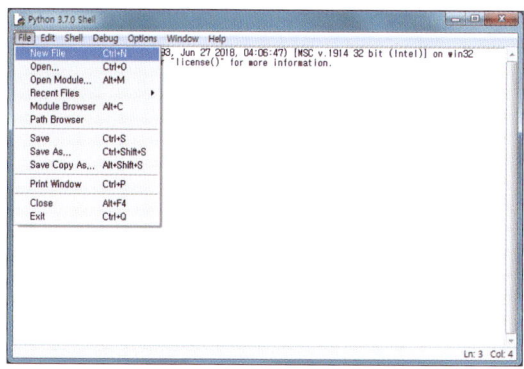

　– 在 IDLE 编辑器内打开非 prompt 窗口的新窗口，在此开始 Python 编程。

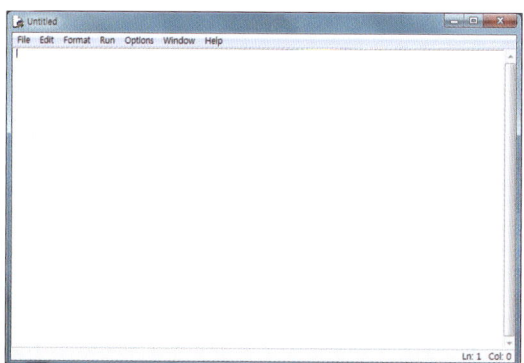

2 导入模块

❶ 第一行是注释，对代码进行简单的说明。

❷ 使用 import 关键词导入 turtle 模块，使用模块中已定义完成的功能。

❸ 使用 turtle.Pen（）进行初始化，试着运行程序，看模块是否可以正常运作。

```
>>> # 12.利用乌龟作图
>>> import turtle
>>> t = turtle.Pen( )
```

3 ▶ 测试模块

① 在 IDLE 编辑器菜单中选择 [File → Run Module] 或者使用快捷键 F5 ，运行文件。

② 出现名为 [Python Turtle Graphics] 的运行画面。

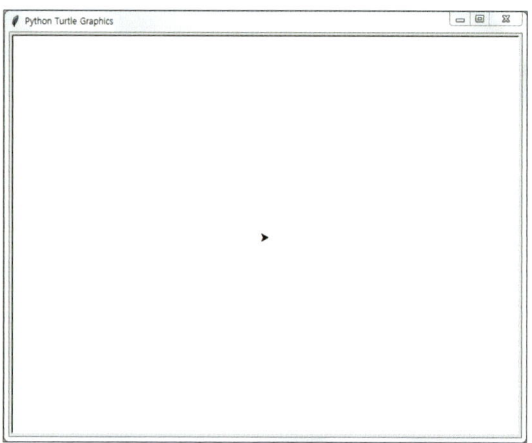

运行画面上的黑色三角形是乌龟（turtle）。使用乌龟可以画出线与图形。

4 ▶ 了解模块使用说明

在 IDLE 编辑器内输入 help（turtle），浏览有关 turtle 模块的帮助文档。

● 模块使用说明均使用英语。
● 模块使用说明最后的部分展示了模块的代码位置。

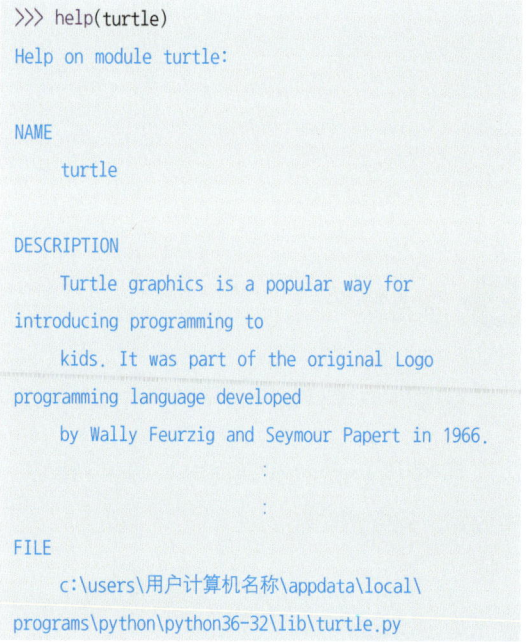

>>> help(turtle)
Help on module turtle:

NAME
    turtle

DESCRIPTION
    Turtle graphics is a popular way for introducing programming to
    kids. It was part of the original Logo programming language developed
    by Wally Feurzig and Seymour Papert in 1966.
                    :
                    :

FILE
    c:\users\用户计算机名称\appdata\local\programs\python\python36-32\lib\turtle.py

❶ 使用 turtle.Pen（）准备使用乌龟，分配变量 [pet]。从现在起，变量 [pet] 即为乌龟。

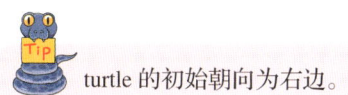

turtle 的初始朝向为右边。

❷ forward（）的含义是按照行进方向移动括号内的值。单位是像素。

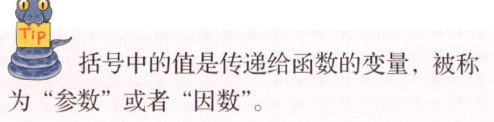

括号中的值是传递给函数的变量，被称为"参数"或者"因数"。

❸ left（）的含义是将乌龟的行进方向逆时针转动参数值。单位是旋转角度。

❹ 将 forward（100）与 left（90）反复 4 次，则乌龟将走出一个四边形轨迹。

❺ 在菜单内选择 [File → Save] 或者同时按下 [F5] + [S] 键，对文件进行储存。储存文件名为"12. turtle1.py"。

❻ 在菜单内选择 [Run → Run Module] 或按下 [F5] 键，运行程序。

❼ 乌龟逆时针行动，画出四边形。

```python
import turtle

pet = turtle.Pen()

pet.forward(100)
pet.left(90)

pet.forward(100)
pet.left(90)

pet.forward(100)
pet.left(90)

pet.forward(100)
pet.left(90)
```

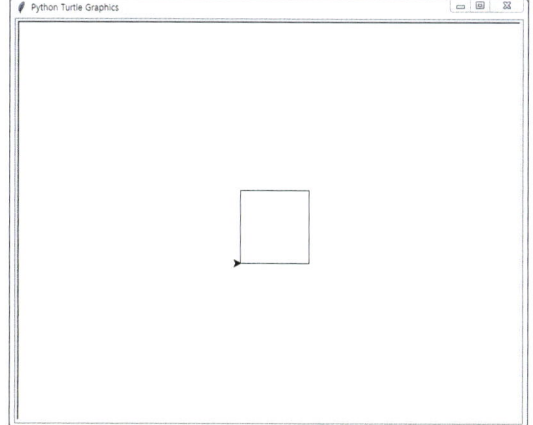

❶ reset（）的含义是，将目前为止乌龟所画的图形擦除，并使乌龟回到出发位置。

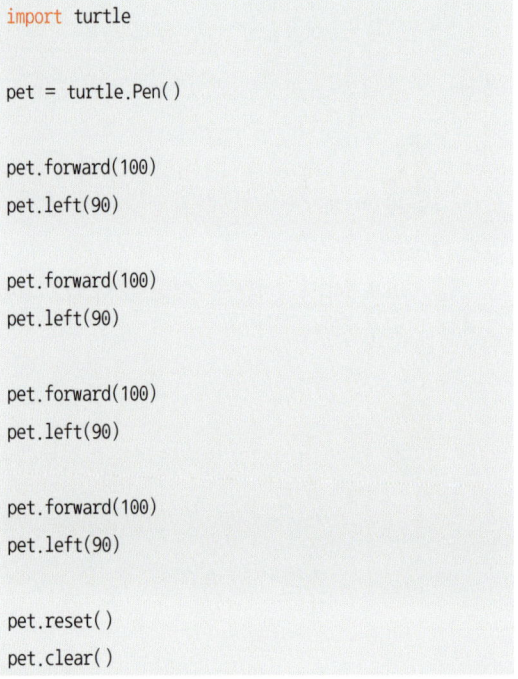

clear（）也是擦除图形，但乌龟会留在擦除图形前最后停留的位置。

❷ 在菜单内选择 [File → Save] 或者同时按下 F5 + S 键，将文件进行储存。储存文件名为"12.turtle2.py"。

```
import turtle

pet = turtle.Pen()

pet.forward(100)
pet.left(90)

pet.forward(100)
pet.left(90)

pet.forward(100)
pet.left(90)

pet.forward(100)
pet.left(90)

pet.reset()
pet.clear()
```

❸ 在菜单内选择 [Run → Run Module] 或者按下 F5 键，运行程序。

❹ 乌龟画出四边形后，将四边形全部擦除，并回到出发位置。

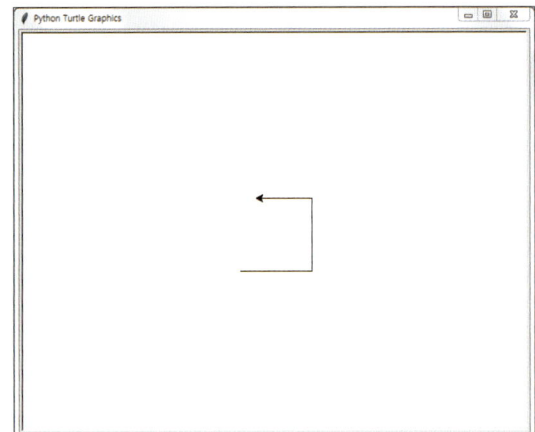

7 画出圆形之后，在内部涂色

❶ 输入 import turtle，开始程序。

❷ 设定条件：pet=turtle.Pen（）。

❸ 输入 begin_fill（），预备在将要画出的图形内涂色。

❹ 在 color（）括号内输入颜色名称，指定涂色颜色。

❺ circle（）的含义是，以括号内数字为半径画圆。

❻ end_fill（）的含义是，终止图形内涂色。

❼ 在 IDLE 编辑器菜单内选择并执行 [Run → Run Module]。

❽ 乌龟画圆圈，并在圆圈内涂上草绿色。

```
import turtle
pet = turtle.Pen()

pet.begin_fill()
#开始为图形上色。

pet.color('green')
#指定要涂的颜色。

pet.circle(100)
#画半径为100像素的圆。

pet.end_fill()
#终止为图形上色。
```

8 了解 turtle 模块的主要函数

❶ 运动

函数	说明
turtle.forward(distance)	沿行进方向移动 (distance) 括号内距离。
turtle.backward(distance)	沿行进方向的相反方向移动 (distance) 括号内距离。
turtle.right(angle)	按照括号内角度 (angle) 顺时针改变角度。
turtle.left(angle)	按照括号内角度 (angle) 逆时针改变角度。
turtle.goto(x, y)	将乌龟的位置改变至 x 坐标与 y 坐标。
tutle.home( )	让乌龟回到出发位置。

❷ 笔刷与颜色函数

函数	说明
turtle.pendown( )	开始绘制图片。
turtle.penup( )	停止绘制图片。
turtle.pensize(integer)	按照括号内数字 (integer) 设置笔刷大小。
turtle.pencolor(string)	按照括号内颜色 (string) 指定笔刷颜色。
turtle.fillcolor(string)	按照括号内颜色 (string) 指定涂色颜色。
turtle.color(string)	将笔刷颜色与涂色颜色设置为相同颜色。
turtle.color(string1, string2)	指定 string1 笔刷颜色与 string2 涂色颜色。
turtle.begin_fill( )	开始涂色。
turtle.end_fill( )	停止涂色。

- turtle.begin_fill（）：绘图前首先要下指令。
- turtle.end_fill（）：绘图后下指令。这时图形已涂色结束。

挑战习题

正确答案：168页 ▶▶▶

 问题

今天我们用乌龟进行了绘图。现在让我们来运用学过的内容吧。

1. 请在画面正中间绘制一个每边长度为 100 像素，边的粗细为 10 像素的橘黄色正方形。

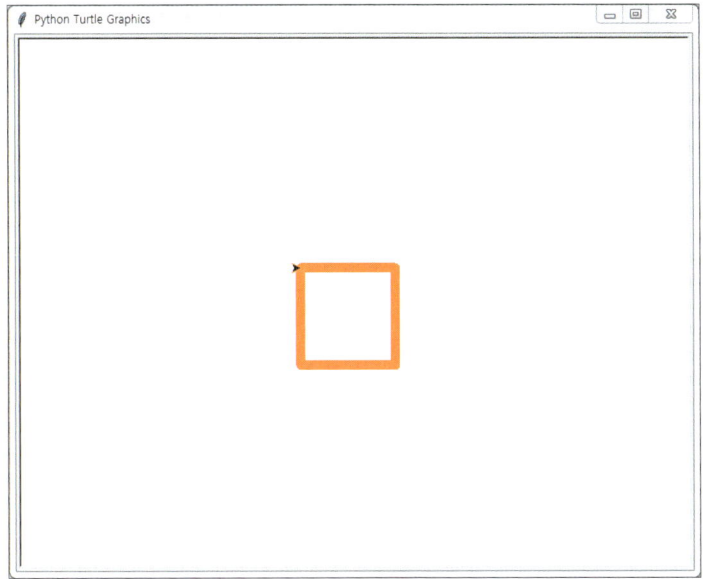

2. 请绘制一个半径为 100 像素的紫色半圆形。

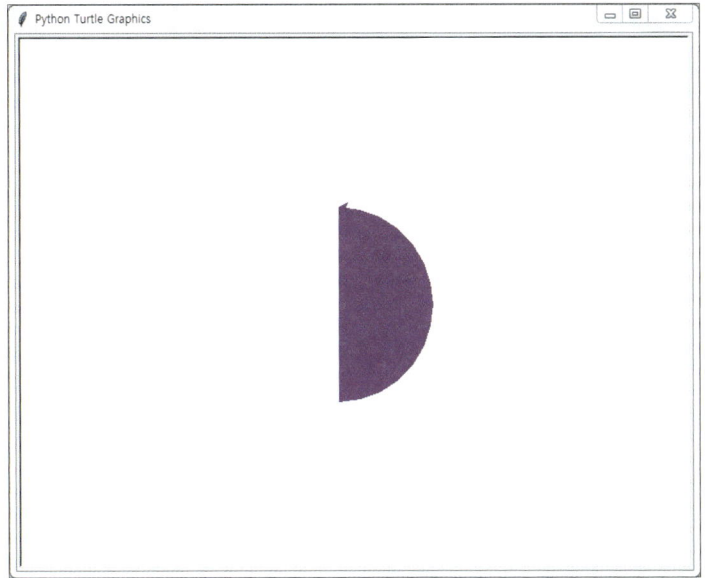

第13天 操作程序的进程

学什么?

- 依据数据条件的不同而对程序流程造成不同影响的比较语句
- 反复处理
- 制造程序进程

完成作品预览

为了在 Python 编程中实现算法,让我们来了解通过比较值来操作进程的"比较句"与在相同条件下重复进程的"重复句"。此外,重复句包括比较句。若比较句为真,则重复比较句,但重复的语句根据真与假而不同。

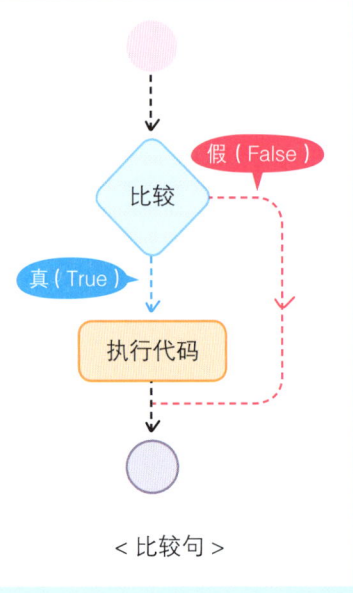

< 比较句 >

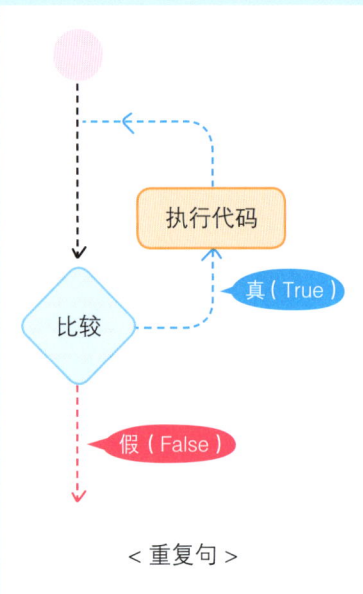

< 重复句 >

了解要学习的项目

要学习的项目	指令	表现 / 说明
比较句	if 句	如果条件为真 (True) 则运行代码。
	if-else 句	依据条件真 (True)/ 假 (False) 运行不同代码。
	if-elif 句	针对多个条件运行不同代码。
重复句	for-in 句	在范围内反复运行代码。
	while 句	若条件为真 (True) 则反复运行代码。

跟我来编程

请按照以下顺序尝试进行文本编程吧。 ▶▶▶

1 输出

新建文档

– 在 IDLE 编辑器菜单内选择【File → New File】。

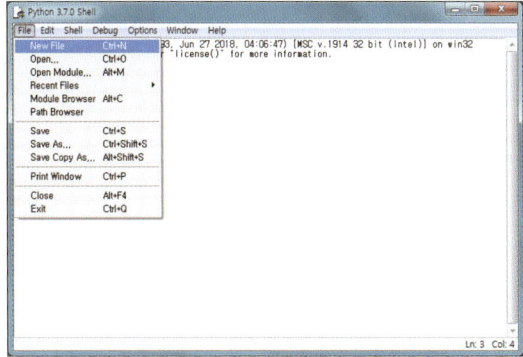

– 在 IDLE 编辑器内打开非 prompt 窗口的新窗口，在此开始 Python 编程。

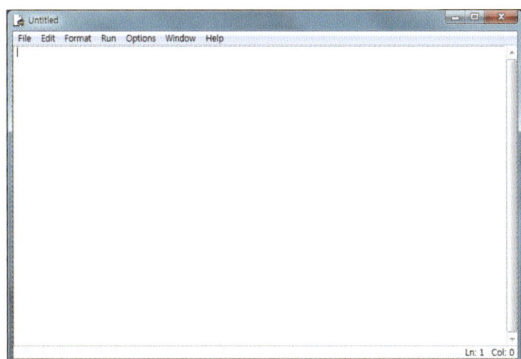

2 创建条件语句编码

❶ 比较运算符

– 作为判断条件的符号，比较符号两边的值以决定真（True）假（False）。

请参照'第 11 天 数据类型'的第 67 页，详细学习比较运算符的使用方法。

符号	说明
==	符号两边的值相等。
!=	符号两边的值不相等。
>	左边的值大于右边的值。
<	左边的值小于右边的值。
>=	左边的值大于等于右边的值。
<=	左边的值小于等于右边的值。

2 if 条件句 1

– 使用 if 语法，用运算符判断条件。若为真（True），则运行条件句。

– 将变量 [age] 赋值 12。

– 在关键词 if 与比较运算符一同使用时，则语义为"如果～则"。在这里即为"如果变量 [age] 比 10 大，则"。

```
age = 12

if age > 10:
    print('输入的值比10岁年龄大 。')
```

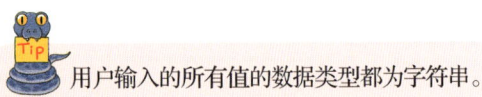 以 if 开始的行列结尾输入冒号（:）表示结束，若 if 句为真，则在下一行输入要运行的指令。以听写方式运行的指令区分于其他指令。

– 在菜单内选择 [File → Save] 或者在键盘上同时按下 F5 + S，对文件进行储存。储存文件名为"13.control_if1.py"。

– 在菜单内选择 [Run → Run Module]，或者在键盘上按下 F5，运行程序。

```
>>>
 RESTART: D:\Python，很高兴认识你！\项目\13.control_
if1.py
输入的值比10岁年龄大 。
```

3 if 条件句 2

– 使用 input（）函数，获得用户输入的值。

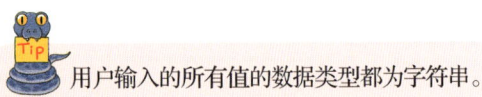 用户输入的所有值的数据类型都为字符串。

– 将用户输入值的数据类型转换为整数型（int），并配置为变量 [age]。

– 存储文件并运行。存储文件名为"13.control_if2.py"。

– 在 if 句内比较用户输入的值与数字 12 的大小，若比 12 大，则画面输出"你的年纪比我大！"。

```
age = int(input('几岁了？'))

if age > 12:
    print('你的年龄比我大！')
```

```
>>>
 RESTART: D:\Python，很高兴认识你！\项目\13.control_
if2.py
几岁了？14
你的年龄比我大！
```

❹ if-else 条件句 1

– 通过区分 if 与 else 对条件进行判断。若为真
（True），则运行 if 后的句子，若为假（False），则运
行 else 后的句子。

– 存储文件后运行。存储文件名为"13.control_
if-else1.py"。

– 用户输入年龄，则依据不同判断条件，给出两种
不同的回答。

```
age = int(input('你几岁了？'))

if age > 12:
    print('你的年龄比我大！')
else:
    print('你的年龄比我小。^^')
```

```
>>>
 RESTART: D:\Python，很高兴认识你！\项目\13.control_
if-else1.py
你几岁了？10
你的年龄比我小。^^
```

❺ if-else 条件句 2

– 使用 input（ ）函数，获得用户输入的年龄与性
别的值。

– 使用比较运算符 and 对条件进行判定。对 and
左边的年龄以及右边的性别进行比较。

> 要使 if 条件句为真（True），则比较运算
> 符 and 的左侧与右侧均需为真（True）。

– 存储文件后运行。存储文件名为"13.control_
if-else2.py"。

– 年龄必须大于 12 岁，性别必须为男性，才会
输出"是哥哥。"其他情况下均输出"是姐姐或者弟弟
妹妹。"

```
age = int(input('你几岁了？ - '))
gender = input('是男生吗？y/n - ')

if age > 12 and gender == 'y':
    print('是哥哥。')
else:
    print('是姐姐或者弟弟妹妹。')
```

```
>>>
 RESTART: D:\Python，很高兴认识你！\项目\13.control_
if-else2.py
几岁了？- 15
是男生吗？y/n - n
是姐姐或者弟弟妹妹。
```

⑥ if-elif 条件句 1

– 使用 input（）函数，获得用户输入的分数值。将类型转换为整数型（int）。

– 将获得的值设定为变数 [score] 之后，依据分数区间进行判断。

> • elif 的含义是"除此之外～的话"，句子结构为"if 句 + 一句以上的 elif 句 +else 句"。
>
> • [if A in B] 的含义是"B 里有 A 吗？"，若 A 在 B 之内，则判断为真（True），若 A 不在 B 之内，则判断为假（False），在下一个 elif 句中再次进行比较。

– 存储文件后运行。存储文件名为"13.control_if-elif1.py"。

– 分为 90 分以上，80 分以上，70 分以上以及不满 70 分几种情况进行输出。

```python
score = int(input('得了多少分？— '))

if score >= 90:
    print('太优秀了!')
elif score >= 80:
    print('太棒了!')
elif score >= 70:
    print('太好了!')
else:
    print('要更加努力呀。')
```

```
>>>
 RESTART: D:\Python，很高兴认识你！\项目\13.control_
if-elif1.py
多少分？— 95
太优秀了！
```

⑦ if-elif 条件句 2

– 组建名为 [groupA][groupB][groupC] 的元组，将 1～9 的数字 3 个一组随机进行分配。

– 使用 input（）函数获得用户输入的 1～9 之间的一个值。

– 找到用户输入数字所属的元组，进行编组。

```python
groupA = 1, 4, 7
groupB = 2, 5, 8
groupC = 3, 6, 9

yours = int(input('请选择数字1-9之间的
一个数。— '))

if yours in groupA:
    print('这个数字属于可爱的A组。')
elif yours in groupB:
    print('这个数字属于活泼的B组。')
elif yours in groupC:
    print('这个数字属于帅气的C组。')
else:
    print('请重新选择。')
```

```
 RESTART: D:\Python，很高兴认识你！\项目\13.control_
if-elif2.py
请在1~9的数字中选择一个数字。— 7
这个数字属于可爱的A组。
```

– 存储文件后运行。存储文件名为"13.control_if-elif2.py"。

– 用户输入数字后，可以查看数字对应的组别。

3 编写重复句代码

❶ for-in 重复句 1

- 使用 for-in 关键词，编写在指定区间内重复执行任务的代码。

- range（0,5）创建从 0 到小于 5 的整数。即"0,1,2,3,4"。

🐍 **Tip** 与列表内 lists[1:3] 的操作类似。但与列表不同的是，数字范围不包括最后的数字。

- x 从 range 的第一个区间开始按照顺序进行访问。

- 存储文件后运行。存储文件名为"13.control_for-in1.py"。

- 重复的次数与给 x 赋值的范围一样大。

```python
for x in range(0,5):
    print('%d 次重复'% x)
```

```
RESTART: D:\Python，很高兴认识你！\项目\13.control_
for-in1.py
第0次 重复
第1次 重复
第2次 重复
第3次 重复
第4次 重复
```

❷ for-in 重复句 2

- 构建名为 [bucket_list] 的元组。

- 访问元组中的元素，并放入字符串格式。

🐍 **Tip** 分配给 x 的值是重复范围内的元素。在由数字与字符串构成的元组中，字符串被分配给了 x。

- 存储文件后运行。存储文件名为"13.control_for-in2.py"。

- 旅游目的地按顺序输出。

```python
bucket_list = ['伦敦','巴黎','河内']

for x in bucket_list:
    print('今年计划去%s旅行。'% x)
```

```
RESTART: D:\Python，很高兴认识你！\项目\13.control_
for-in2.py
今年计划去伦敦旅行。
今年计划去巴黎旅行。
今年计划去河内旅行。
```

❸ while 重复句 1

– 将变量 [step] 赋值为 1。

– 若变量 [step] 的值比 4 小，则重复执行 while 句定义的指令。

– 变量 [step] 与 [step] 相加的值分配给变量 [my_sum]。

– 在变量 [step] 上增加 1，对下一个重复的条件进行判断。

– 存储文件后运行。存储文件名为 "13.control_while1.py"。

```python
step = 1

while step < 4:
    my_sum = step + step
    print('%d + %d = %d' % (step,step,my_sum))
    step = step + 1
```

```
>>>
 RESTART: D:\Python，很高兴认识你！\项目\13.control_
while1.py
1 + 1 = 2
2 + 2 = 4
3 + 3 = 6
```

❹ while 重复句 2

– 在变量 [step] 与 [answer] 内赋值为 1。

– 使用 input（）函数获得用户输入的数字，并存储在变量 [yours] 中。

– 若变量 [step] 的值比 6 小，则重复执行 while 句对应的指令。若变量 [step] 与 [yours] 的值的比较结果为真（True），则在 [answer] 内分配变量 [step] 的值，并停止重复句。

> **Tip**
> break 的含义是，即时终止正在执行的重复句，并执行下一条指令。

– 若变量 [answer] 与 [yours] 的值不同，则输出信息 '%d 次通过'，在变量 [step] 上加 1，判断下一次重复的条件。

– 存储文件后运行。存储文件名为 "13.control_while2.py"。

```python
step = 1
answer = -1
yours = int(input('在1~5之间我想到的数字是？- '))

while step < 6:
    if step == yours:
        answer = step
        break
    else:
        print('%d次通过' % step)
        step += 1

print('我想到的数字就是 %d !!' % answer)
```

```
>>>
 RESTART: D:\Python，很高兴认识你！\项目\13.control_
while2.py
在1~5之间，我想到的数字是？- 2
1次通过
我想到的数字就是2!!
```

挑战习题

正确答案：169页 ▶▶▶

在本小节内我们学习了常用的数据类型。那么现在就来运用学过的内容吧。

1. 活用本小节中练习的 if-else 例题，用 if-elif 条件句编写判断如下 4 种条件的代码。

```
*Python 3.7.0 Shell*                                    _ □ ✕
File  Edit  Shell  Debug  Options  Window  Help

几岁了？ - 12
是男生吗？y/n - y
是朋友或者弟弟。

几岁了？ - 12
是男生吗？y/n - n
是朋友或者妹妹。

几岁了？ - 15
是男生吗？y/n - y
是哥哥！

几岁了？ - 15
是男生吗？y/n - n
是姐姐！
```

2. 使用 for-in 重复句，编写可出现如下结果的代码。

```
*Python 3.7.0 Shell*                                    _ □ ✕
File  Edit  Shell  Debug  Options  Window  Help

(0)
(1) ^_^;
(2) ^_^;^_^;
(3) ^_^;^_^;^_^;
(4) ^_^;^_^;^_^;^_^;
(5) ^_^;^_^;^_^;^_^;^_^;
(6) ^_^;^_^;^_^;^_^;^_^;^_^;
(7) ^_^;^_^;^_^;^_^;^_^;^_^;^_^;
(8) ^_^;^_^;^_^;^_^;^_^;^_^;^_^;^_^;
(9) ^_^;^_^;^_^;^_^;^_^;^_^;^_^;^_^;^_^;
```

第14天 节约代码的编程

学什么？

- 重复利用代码的理由
- 构建函数 (function)
- 使用模块 (module)

完成作品预览

若能重复使用已编写好的代码，则可以更有效率地进行编程。使代码可以重复使用的套件中包括函数、类、模块等。在了解它们之前，首先要了解对象 (object) 的概念。对象是编程中的一个十分重要的概念，与我们在现实中使用的"名词"类似。举例来说，若"汽车"是对象，则函数是对象的功能，而类是制造汽车用的设计图。那么我们来使用代码套件进行编程吧。

```
Python 3.7.0 Shell
File  Edit  Shell  Debug  Options  Window  Help
Python 3.7.0 (v3.7.0:1bf9cc5093, Jun 27 2018, 04:06:47) [MSC v.1914 32 bit (Inte
l)] on win32
Type "copyright", "credits" or "license()" for more information.
>>> max(1,2,3,4,5)
5
>>> min('hello')
'e'
>>> len('hello')
5
>>> list(range(0,5))
[0, 1, 2, 3, 4]
>>>
>>> import time
>>> time.time()
1533540270.681509
>>>
                                                          Ln: 15  Col: 4
```

了解要学习的项目

要学习的项目	指令	表现 / 说明
函数 (function)	def 函数名（参数）： 函数内容	为重复使用简单功能的代码而定义的代码套件。
类 (class)	class 类名称：类内容	构建对象的概念设计图，由 1 个以上的变量或函数组成。
模块 (module)	内置模块 用户模块	由 1 个以上的函数或类组成的代码套件。

跟我来编程

1 输出

新建文档

– 在 IDLE 编辑器菜单内选择【File → New File】。

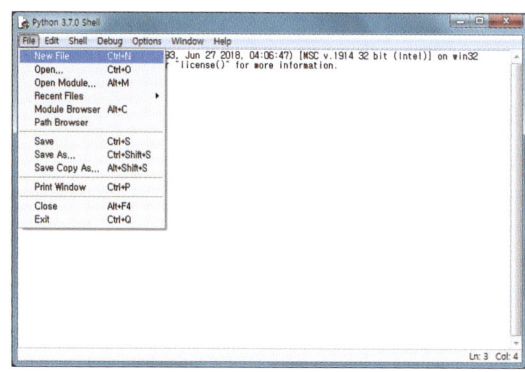

– 在 IDLE 编辑器内打开非 prompt 窗口的新窗口，在此开始 Python 编程。

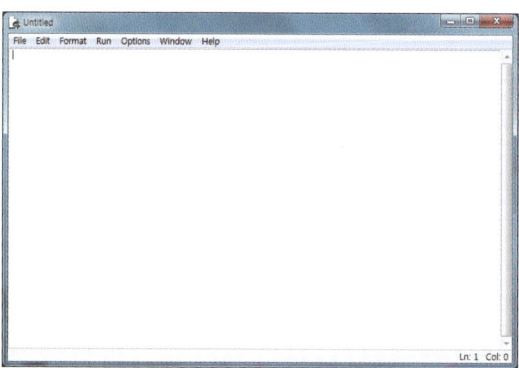

2 使用函数

❶ max（ ）：在从 1 到 5 的值中，返回最大的值。"5"是最大的值。

❷ min（ ）：在字符串中，按照字母顺序评价最小的值。"e"是最小的值。

❸ len（ ）：返回字符串的长度。"hello"由 5 个字母组成，因此返回"5"。

❹ list（ ）：将括号内的数据转换为列表。range（0,5）返回从 0 开始的 5 个整数。

```
>>> max(1,2,3,4,5)
5
>>> min('hello')
'e'
>>> len('hello')
5
>>> list(range(0,5))
[0, 1, 2, 3, 4]
```

3 了解函数使用方法

❶ 代码由〔函数名称 + 传递因数（＝参数）+ 函数内容〕3 部分构成。

❷ 使用 def 关键词定义函数。

```
>>> def callingYou(num):
        print('带您去%d号座位。' % num)


>>> callingYou(27)
带您去27号座位。
```

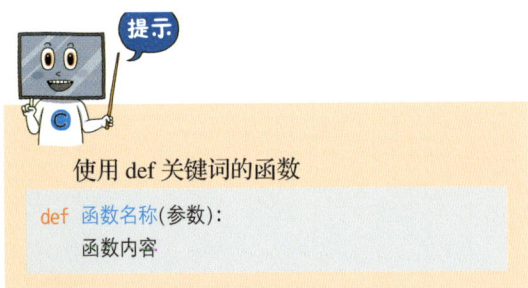

提示

使用 def 关键词的函数

def 函数名称(参数):
    函数内容

Tip

● 函数名称是在需要使用函数的地方调用的名称，称作"标识符"。标识符使用名称或地址（位置）。
● 参数（传递因数）是函数传递的值，依据计算结果不同，会出现不同的结果。
● 函数内容是使用函数名称定义的函数的代码套件。

❸ 在需要参数的情况下，在参数括号内进行标识，调用函数名称。

4 灵活运用函数 1

❶ 将年龄使用参数传递，声明输出"我～岁。"的函数。

❷ 获得用户输入的年龄，将其类型更改为整数型（int），并分配至变量〔your_age〕。

❸ 调用将变量〔your_age〕作为参数的函数 first_function（）。

```
def first_function(age):
    print('我%d岁了。' % age)

your_age = int(input('几岁了？（请输入数字。）—— '))

first_function(your_age)
```

Tip 为与变量的名字区别，函数用括号表示。

❹ 在菜单内选择 [File → Save] 或者在键盘上同时输入 F5 + S 键，对文件进行储存。储存文件名为 "14.function_ex1.py"。

❺ 用户输入年龄，完成带有用户年龄的句子。

```
>>>
 RESTART: D:\Python，很高兴认识你！\项目\14.function_
ex1.py
几岁了？（请输入数字 。）— 12
我12岁了 。
```

5 ▷ 灵活运用函数 2

❶ 分别定义将两个参数相加并返回结果的函数与将两个参数相乘并返回结果的函数。

> **Tip** "return"的含义是，将后续出现的值或算式的结果作为函数的结果。可以立即输出结果，或者变量可以获得并使用结果。

❷ 将 7 和 8 通过参数传递，输出两值相加的结果。

❸ 将 7 和 8 通过参数传递，将两值相乘的结果存储在 [my_result] 内，用字符串格式输出。

```python
def calculate_plus(val1, val2):
    return val1 + val2

def calculate_multiple(val1, val2):
    return val1 * val2

print(calculate_plus(7,8))

my_result = calculate_multiple(7,8)
print('两值相乘为%d 。' % my_result)
```

❹ 存储文件后运行。存储文件名为 "14.function_ex2.py"。

❺ 确认两数相加的结果与相乘的结果。

```
>>>
 RESTART: D:\Python，很高兴认识你！\项目\14.function_
ex2.py
15
两数相乘为56 。
```

6 灵活运用函数 3

❶ 使用重复句构建函数内容。

❷ 定义输出 "*" 重复参数传达的值次数的函数。

> **Tip**
> 参数值的含义为重复的次数。在函数的内容中，range（ ）的执行次数小于 end，故增加 "1"。

❸ 将要重复的次数配置为参数，并调用函数 make_star（重复次数）。

❹ 存储文件后运行。存储文件名为 "14.function_ex3.py"。

❺ "*" 重复输出。

```python
def make_star(end):
    for step in range(1, end+1):
        print('*' * step, '(%d)' % step)



make_star(5)
```

```
>>>
 RESTART: D:\Python，很高兴认识你！\项目\14.function_
ex3.py
* (1)
** (2)
*** (3)
**** (4)
***** (5)
```

7 灵活运用模块

模块是为重复使用函数而运用的函数、类、模块中最大的代码套件。Python 之中有已经定义完成的 "内置模块（built-in module）" 与用户为使用特定的功能而制作的 "用户模块"。在这一小节，让我们熟悉并灵活运用 time、math 等内置模块吧。

❶ time 模块
由与时间有关的各种计算与提供活用功能的函数构成的模块。相关模块有 datetime、calendar 等。

函数	说明
time( )	将现在的时间换算为秒。
gmtime( )	世界标准时间 (Coordinated Universal Time)。
localtime( )	当地现在的时间。
strftime( )	格式化时刻信息。

– import time：调用 time 模块。

– time.time（）：以 1970 年 1 月 1 日为标准，以秒为单位获取当前的时间。

– time.gmtime（）：以结构化格式获取世界标准时间——英国格林威治天文台的当前时间。

– time.localtime（）：以计算机的时区（time zone）为标准，以结构化格式获取当前时间。

– time.strftime（）：以计算器的时区为标准，将符合格式的时间信息转换为字符串。

```
>>> import time
>>> time.time()
1527812012.952333
>>> time.gmtime()
time.struct_time(tm_year=2018, tm_mon=6, tm_mday=1,
tm_hour=0, tm_min=13, tm_sec=44, tm_wday=4, tm_
yday=152, tm_isdst=0)
>>> time.localtime()
time.struct_time(tm_year=2018, tm_mon=6, tm_mday=1,
tm_hour=9, tm_min=14, tm_sec=9, tm_wday=4, tm_
yday=152, tm_isdst=0)
>>> time.strftime('%Y-%m-%d %H:%M:%S')
'2018-06-01 09:15:12'
```

❷ time 模块例题

– 获得 time 模块之后，定义输出世界标准时间等的函数 time_info（）。

> **Tip** 地球一天（24 小时）自转 360°，每 1 小时移动 15°。在输出地球位置的坐标轴上，竖直的线为经度（longitude）。比如韩国首尔的时间是以经度 135° 为标准计算的，因此用 135° 除以 15°，即韩国时间比格林尼治时间（世界标准时间）快 9 小时。

– 定义函数后，调用 time_info（）函数并输出结果。

– 存储文件后运行。存储文件名为"14.module_time.py"。

– 可以查询世界标准时间、首尔时间以及现在时刻信息。

```
import time

def time_info():
    utc = time.gmtime()
    localtime = time.localtime()
    print('世界标准时间', utc.tm_hour)
    print('首尔时间', localtime.tm_hour)
    print(localtime.tm_hour - utc.tm_hour, '时差')
    print(time.strftime('%Y-%m-%d %H:%M:%S'))

time_info()
```

```
>>>
 RESTART: D:\Python，很高兴认识你！\项目\14.module_
time.py
世界标准时间 1
首尔时间 10
9 时差
2018-06-01 10:54:05
    utc = time.gmtime()
    localtime = time.localtime()
    print('标准世界时间', utc.tm_hour)
    print('首尔时间', localtime.tm_hour)
    print(localtime.tm_hour - utc.tm_hour, '时差')
    print(time.strftime('%Y-%m-%d %H:%M:%S'))

time_info()
```

❸ math 模块

以提供多种数学计算功能的函数构成的模块。

函数	说明	函数	说明
ceil( )	小数点向上取整	pi	圆周率
floor( )	小数点向下取整	sin( )	三角函数的 sin 值计算
pow(x,y)	平方		

– import math：调用 math 模块。

– math.ceil（ ）：小数点向上取整，转换为最接近的定量。

– math.floor（ ）：小数点向下取整，转换为定量。

– math.pow（x,y）：计算 x 的 y 次方。

– math.pi：用 math 中定义的变量输出圆周率。

– math.sin（ ）：计算三角函数的 sin 值。

```
>>> import math
>>> math.ceil(3.14)
4
>>> math.floor(3.14)
3
>>> math.pow(2,3)
8.0
>>> math.pi
3.141592653589793
>>> math.sin(math.pi/2)
1.0
```

❹ math 模块例题

– 获得 math 模块后，定义函数 calculate_circle
（ ）使用半径长度参数计算圆的周长与面积。

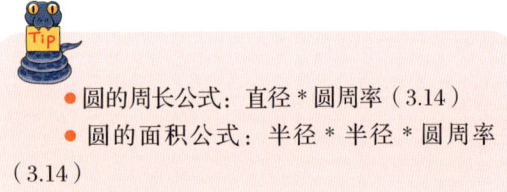

● 圆的周长公式：直径＊圆周率（3.14）
● 圆的面积公式：半径＊半径＊圆周率
（3.14）

– 定义函数后，调用函数 calculate_circle（ ）输出结果。

```
import math

def calculate_circle(radius=1):
    arc = 2 * radius * math.pi
    area = math.pow(radius, 2) * math.pi

    print('半径%d的圆的周长为%f 。'% (radius,arc))
    print('半径%d的圆的面积为%f 。'% (radius,area))

calculate_circle()
```

函数参数中的"radius=1"表示"若没有 radius，则默认为基本值 1"。调用函数时，若不输入参数，则以基本值 1 运行函数。

– 存储文件后运行。存储文件名为"14.module_math.py"。

```
>>>
 RESTART: D:\Python，很高兴认识你！\项目\14.module_
 math.py
半径为1的圆的周长为6.283185 。
半径为1的圆的面积为3.141593 。
```

挑战习题

正确答案：170~171页 ▶▶▶

问题

本小节我们学习了以函数（function）、类（class）、模块（module）重复高效使用代码的方法。现在我们来运用学过的内容吧。

1. 请编写用户输入体重与身高后可以自动计算 BMI 的函数。

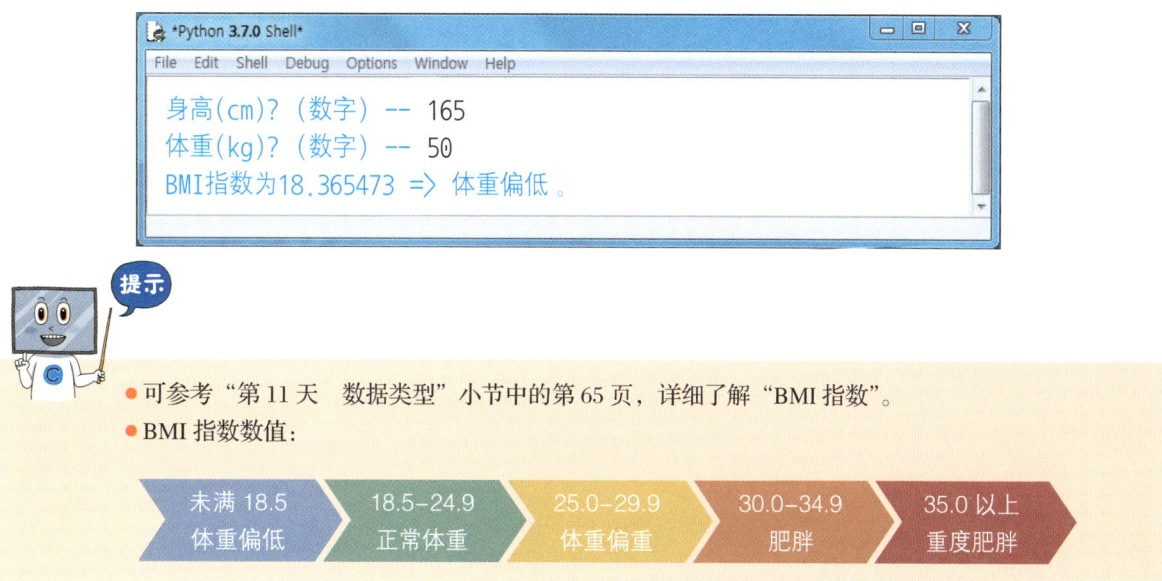

提示

- 可参考"第 11 天　数据类型"小节中的第 65 页，详细了解"BMI 指数"。
- BMI 指数数值：

未满 18.5 体重偏低	18.5–24.9 正常体重	25.0–29.9 体重偏重	30.0–34.9 肥胖	35.0 以上 重度肥胖

2. 使用随机（random）模块，编写将从 1 至 7 以下的数字随机分配至两个变量内，更大的数字为胜的函数。若用户输入 y，则继续进行游戏。

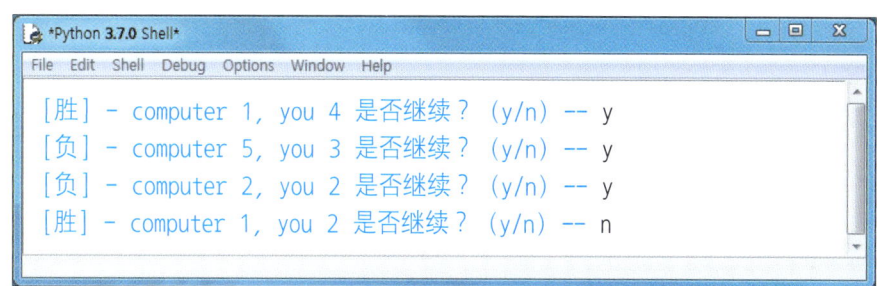

提示

- 变量：computer, you
- 函数：dice_game（）
- 模块：random
- 随机输出整数：– random.randrange（1,7）

第15天 灵活运用内置函数

学什么?

- 什么是内部函数 (built-in function)
- 内部函数里有什么
- 内部函数的使用方法

了解要学习的项目

内部函数是 Python 中经常使用的工具。编程时活用内部函数可以正确并快速地编写代码。让我们来了解 Python 中已提前进行定义、可以直接使用的函数吧。

内部函数	表现 / 说明
abs( )	获得用户输入的数字后,将其变为绝对值。
bool( )	将参数的数据类型转换为布尔型 (boolean)。
dir( )	了解参数的数据类型,并告知可使用的函数。
eval( )	将参数的数据类型更改为原本的数据类型。
float( )	将参数类型更改为实数型。
input( )	传递用户输入的值。
int( )	将参数数据类型更改为整数型。
len( )	以数字返回参数的长度。
max( )	返回参数中最大的值。
min( )	返回参数中最小的值。
range( )	返回参数范围内连续的值。
sorted( )	按大小顺序整理参数。
sum( )	参数总和。
open( )	打开参数文件。

跟我来编程

请按照以下顺序尝试进行文本编程吧。 ▶▶▶

1 了解内置函数 (Built-in Function)。

❶ abs( ) 函数

– 将作为参数传递的数据转换为绝对值。

– 将获得的负值转换为正值。

 若在参数中录入非数字值，则会发生
错误。

```
>>> print(abs(2018))
2018
>>> print(abs(-2018))
2018
>>> print(abs('发生错误'))
Traceback (most recent call last):
    File "<pyshell#5>", line 1, in <module>
        print(abs('发生错误'))
TypeError: bad operand type for abs(): 'str'
```

❷ bool( ) 函数

– 将作为参数传递的数据转换为布尔型的真
（True），假（False）值。

– 若数字为"0"，则返回值为假（False）。

– 若数字不为"0"，则返回值全部为真（True）。

– 若字符串的长度为 1 以上，则返回值为真
（True）。

– 若没有值，则返回值为假（False）。

```
>>> bool(0)
False
>>> bool(2)
True
>>> bool(1234)
True
>>> bool()
False
```

❸ dir( ) 函数

– 返回作为参数传递的数据可以使用的函数列表。

```
>>> dir([1,2,3])
['__add__', '__class__', '__contains__', '__delattr__',
'__delitem__', '__dir__', '__doc__', '__eq__',
'__format__', '__ge__', '__getattribute__', '__getitem__',
'__gt__', '__hash__', '__iadd__', '__imul__', '__init__',
'__init_subclass__', '__iter__', '__le__', '__len__',
'__lt__', '__mul__', '__ne__', '__new__', '__reduce__',
'__reduce_ex__', '__repr__', '__reversed__', '__rmul__',
'__setattr__', '__setitem__', '__sizeof__', '__str__',
'__subclasshook__', 'append', 'clear', 'copy', 'count',
'extend', 'index', 'insert', 'pop', 'remove', 'reverse',
'sort']
```

④ eval( ) 函数

– 返回字符串参数原本的数据类型。

– 表示为字符串，但若内容为数字或数字表达式，则将其转换为数字。

– 非字符串时，发生错误。

– 字符串为多行时，发生错误。

```
>>> eval('1')
1
>>> eval('4*5')
20
>>> eval(1)
Traceback (most recent call last):
  File "<pyshell#3>", line 1, in <module>
    eval(1)
TypeError: eval() arg 1 must be a string, bytes or code object
>>> eval("'字符串为多行时，发生错误。'")
Traceback (most recent call last):
  File "<pyshell#8>", line 2, in <module>
    发生错误。'")
  File "<string>", line 1
    文字列为多行时
         ^
SyntaxError: invalid syntax
```

⑤ float( ) 函数

– 将作为参数传递的数据转换为实数型。

– 将可使用字符串表现的数字转换为实数型。

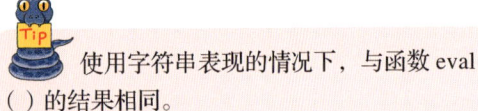 使用字符串表现的情况下，与函数 eval（ ）的结果相同。

```
>>> float(1)
1.0
>>> float('3.14')
3.14
>>> float('1')
1.0
```

⑥ input( ) 函数

– 获取用户输入的值。

– 可将用户输入的值转换为其他数据类型。

因为使用 int（ ）与 eval（ ）获得的结果相同，则 int（input（'请输入年龄。--'））与 eval（input（'请输入年龄。--'））相同。

```
>>> input('请输入年龄。-- ')
请输入年龄。-- 12
'12'
>>> int(input('请输入年龄。-- '))
请输入年龄。-- 12
12
>>> eval(input('请输入年龄。-- '))
请输入年龄。-- 12
12
```

7 int( ) 函数

- 将作为参数传递的数据转换为整数型。

- 与 float( ) 函数不同的是，若使用可用字符串表现的数字，则会发生错误。

- 若作为参数传递的数据为实数型，则舍弃小数点后部分，只返回整数部分的值。

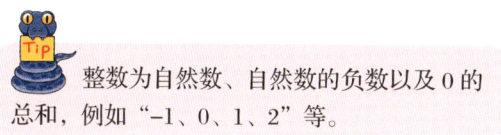
整数为自然数、自然数的负数以及 0 的总和，例如 "-1、0、1、2" 等。

```
>>> int(1)
1
>>> int('3.14')
Traceback (most recent call last):
  File "<pyshell#15>", line 1, in <module>
    int('3.14')
ValueError: invalid literal for int() with base 10:
'3.14'
>>> int(3.14)
3
>>> int(-3.14)
-3
```

8 len( ) 函数

- 返回作为参数传递的对象数据的长度。

- 若使用整数型作为参数，则发生错误。

- 返回字符串、列表、元组、字典等元素的个数。

```
>>> len('hello world')
11
>>> len('hello world ')
13
>>> len([1,2,3,4,5])
5
>>> len((1,2,3,4,5))
5
>>> len({'name':'jane','age':12})
2
>>> len(12345)
Traceback (most recent call last):
  File "<pyshell#7>", line 1, in <module>
    len(12345)
TypeError: object of type 'int' has no len()
```

❾ max( ) 函数

– 返回作为参数传递的对象数据中最大的值。

– 返回字符串、列表、元组、字典等元素中最大的值。

Tip "not iterable"的含义是，元素只有一个，无法进行比较，故发生错误。

```
>>> max(1,2,3,4,5)
5
>>> max([1,2,3,4,5])
5
>>> max('1','2','3','4','5')
'5'
>>> max('a','b','c','d','e')
'e'
>>> max('abcde')
'e'
>>> max('a','A')
'a'
>>> max(12345)
Traceback (most recent call last):
  File "<pyshell#7>", line 1, in <module>
    max(12345)
TypeError: 'int' object is not iterable
```

❿ min( ) 函数

– 返回作为参数传递的对象数据中最小的值。

– 返回字符串、列表、元组、字典等元素中最小的值。

```
>>> min(1,2,3,4,5)
1
>>> min([1,2,3,4,5])
1
>>> min('1','2','3','4','5')
'1'
>>> min('a','b','c','d','e')
'a'
>>> min('abcde')
'a'
>>> min('a','A')
'A'
```

⑪ range( ) 函数

– 主要使用重复句，生成作为参数传递的数据的区间值。

– 参数的第一个值是开始值。

– 参数的第二个值是结束值，不包含在范围内。

– 参数的第三个值是数字之间的间隔，让等差数列成为连续的参数值。

> Tip
> range（0,10,2）的含义是，输出从 0 开始至不包括 10 的值中，数字间隔为 2 的连续数。

```
>>> range(0,5)
range(0, 5)
>>> list(range(0,5))
[0, 1, 2, 3, 4]
>>> list(range(0,10,2))
[0, 2, 4, 6, 8]
>>> list(range(10,0,-2))
[10, 8, 6, 4, 2]
```

⑫ sorted( ) 函数

– 将作为参数传递的数据整齐排列后，转换为列表形式返回。

> Tip
> ● 输入形式为元组或者字符串，返回形式为列表。
> ● 字符串按照字母顺序进行排列。

```
>>> sorted([3,2,1])
[1, 2, 3]
>>> sorted((2,3,1))
[1, 2, 3]
>>> sorted('hello')
['e', 'h', 'l', 'l', 'o']
```

⑬ sum( ) 函数

– 将由数字组成的列表进行加总计算。

– 以列表、元组形式进行加总计算。

– 在元组形式中，若无括号，则无法使用此函数。

> Tip
> 因与使用逗号（,）的函数无法进行区分，因此一定要做好括号标记，才能区分元组。

```
>>> sum(range(0,5))
10
>>> sum(list(range(0,5)))
10
>>> sum((1,2,3,4,5))
15
>>> sum([1,2,3,4,5])
15
>>> sum(1,2,3,4,5)
Traceback (most recent call last):
  File "<pyshell#14>", line 1, in <module>
    sum(1,2,3,4,5)
TypeError: sum expected at most 2 arguments, got 5
```

⑭ open( ) 函数 - 只读模式

处理文件的功能中包含如下模式。

模式	说明	模式	说明
r	以只读模式打开文件。	a	在文件末尾增加内容。若无文件，则生成新文件。
w	以读写模式打开文件。若无文件，则生成新文件；若有文件，则覆盖文件。	+	更新文件。

– 若使用类似"Visual Studio Code"的编辑器，则可制成简单的文本文件。

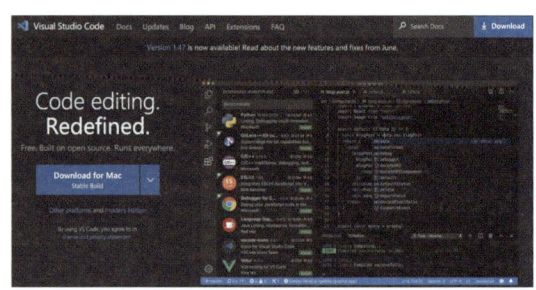

> 请参考"附录：使用 Visual Studio Code"的第 184 页，详细了解 Visual Studio Code 的使用方法。

– 在 Visual Studio Code 的菜单内，选择 [文件→新文件]，开始制作新文件。

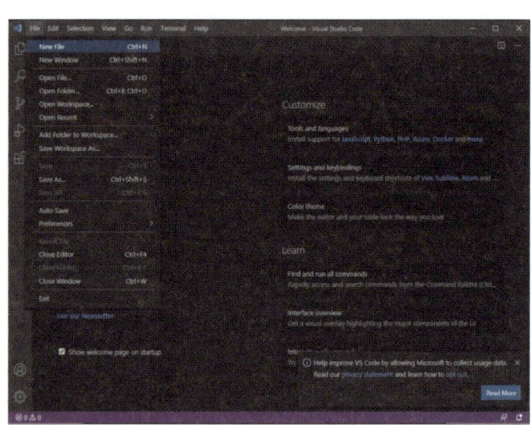

– 用英语简单增加内容，选择 [文件→存储] 将文件储存在计算机内。存储文件名为"15.myfile1.txt"。

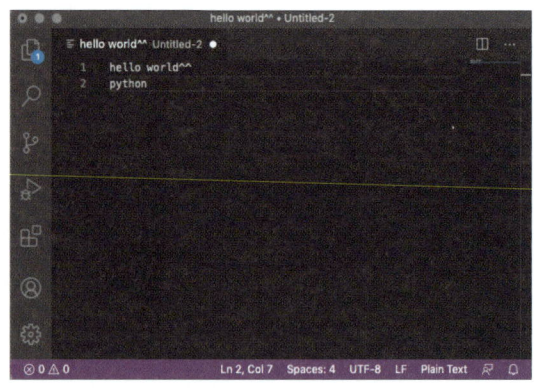

- 在 IDLE 编辑器菜单内选择 [File → New File]。

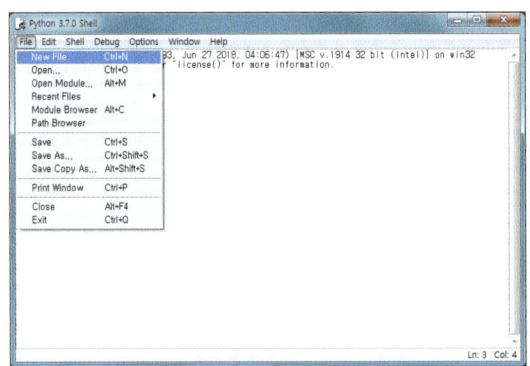

- 在 IDLE 编辑器内打开非 prompt 的新窗口, 在此窗口内开始 Python 编程。

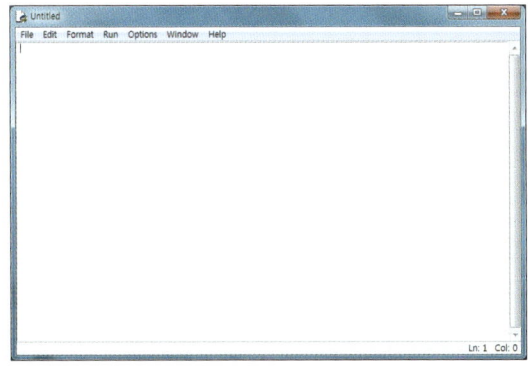

- 灵活运用 open(文件名)函数, 打开存储的文件。画面内输出内容。

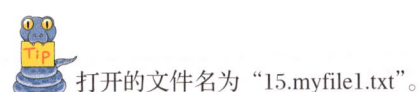 打开的文件名为 "15.myfile1.txt"。

```python
myfile = open('15.myfile1.txt')
text = myfile.read()

print(text)
```

- 在菜单内选择 [File → Save] 或者在键盘上同时按下 F5 + S 键, 将文件进行存储。存储文件名为 "15.built-in-function_open1.py"。

- 在菜单内选择 [Run → Run Module] 或者在键盘上按下 F5 键, 运行程序。

```
>>>
 RESTART: D:\Python, 很高兴认识你!\项目\15.built-in-
 function_open1.py
hello world^^
python
```

– 在 Visual Studio Code 菜单内选择［文件→新文件］，创建新文件，使用中文增加简单的内容。

– 选择［文件→存储］将名为"15.myfile2.txt"的文件进行储存，并在 IDLE 编辑器内运行。

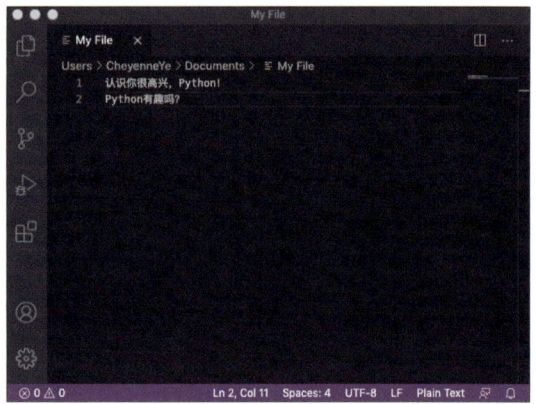

– 使用 open（文件名）函数打开存储的文件。在画面内输出内容。

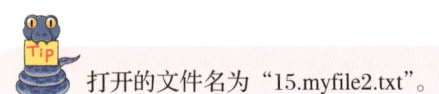 打开的文件名为"15.myfile2.txt"。

```
myfile = open('15.myfile2.txt')
text = myfile.read()


print(text)
```

– 存储文件后运行文件。存储的文件名为"15.built-in-function_open2.py"。

– "cp949"编码编译器（codec）出现错误。

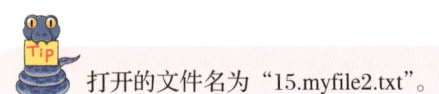 IDLE 编辑器的基本值为英语。若要输出中文，则需声明编码（encoding）。

```
>>>
 RESTART: D:\Python，很高兴认识你！\项目\15.built-in-
function_open2.py
Traceback (most recent call last):
  File"D:/Python，很高兴认识你！项目/15. built-in-
function_open 2.py", line 2, in <module>
    text = myfile.read()
UnicodeDecodeError: 'cp949' codec can't decode byte
0xec in position 0: illegal multibyte sequence
```

– 修改 Python 代码。在 open( ) 的第 3 个参数内增加 encoding='utf8'。

```
myfile = open('15.myfile2.txt', 'r', encoding='utf8')
text = myfile.read()


print(text)
```

– 再次存储文件并运行，错误不再发生。

```
>>>
 RESTART: D:\Python，很高兴认识你！\项目\15.built-in-
function_open1.py
很高兴认识你，Python！
Python有趣吗？
```

⑮ open( ) 函数 – 读写模式 1

– 使用读写模式打开"15.myfile2.txt"文件。

– 使用 write( ) 增加文件内容。

– 将内容全部记录完成后，使用 close( ) 存储并
关闭文件。存储文件名为"15.built-in-function_
open3.py"。

– 运行为读取文件而制成的"15.built-in-
function_open2.py"，并确认文本文件中记录的内容。

```
myfile = open('15.myfile2.txt', 'w', encoding='utf8')

myfile.write('在第三行输入 。')

myfile.close()
```

```
myfile = open('15.myfile2.txt', 'r', encoding='utf8')
text = myfile.read()

print(text)
```

– 将之前输入的"很高兴认识你，Python! Python
有趣吗？"删除，输出在读写模式下输入的内容。

在文件存在的情况下，w 模式将覆盖文
件，之前记录的内容将会丢失。

```
>>>
 RESTART: D:\Python，很高兴认识你！\项目\15.built-in-
function_open2.py
在第三行输入 。
```

⑯ open( ) 函数 – 读写模式 2

– 在 open( ) 函数的第二个参数内加上"a"，在
"15.myfile3.txt"文件内增加内容。

```
myfile = open('15.myfile3.txt', 'a', encoding='utf8')

myfile.write('请输入成一行 。')
myfile.write('请再输入一行 。')

myfile.close()
```

– 存储文件后运行。存储文件名为"15.built-in-function_open4.py"。

– 打开"15.myfile3.txt"文件，文件后增加了新的内容。

以下是 Python 的内置函数目录。请浏览目前常用的内置函数。使用 Python 文件，找到其余函数的使用方法，并尝试运用它们。

abs( )	all( )	any( )	ascii( )	bin( )
bool( )	bytearray( )	bytes( )	callable( )	chr( )
classmethod( )	compile( )	complex( )	delattr( )	dict( )
dir( )	divmod( )	enumerate( )	eval( )	exec( )
filter( )	float( )	format( )	frozenset( )	getattr( )
globals( )	hasattr( )	hash( )	help( )	hex( )
id( )	input( )	int( )	isinstance( )	issubclass( )
iter( )	len( )	list( )	locals( )	map( )
max( )	memoryview( )	min( )	next( )	object( )
oct( )	open( )	ord( )	pow( )	print( )
property( )	range( )	repr( )	reversed( )	round( )
set( )	setattr( )	slice( )	sorted( )	staticmethod( )
str( )	sum( )	super( )	tuple( )	type( )
vars( )	zip( )	__import__( )		

挑战习题

正确答案：第172页 ▶▶▶

问题

为了更好地使用程序，需要自己思考使用方法。若能灵活运用工具，则能更有效率地解决问题。那么我们一起来使用工具进行 Python 编程吧。

1. 获得用户输入的 1~9 之内的数字，然后运用 Python 编码输出最大值并计算输入的数字总和。

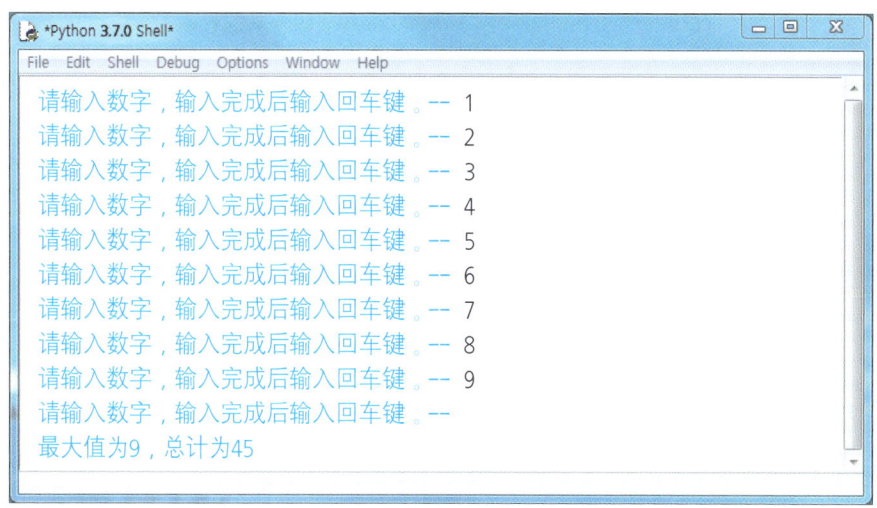

2. 创建可以输出用户输入数字的九九乘法口诀表的 Python 编码。

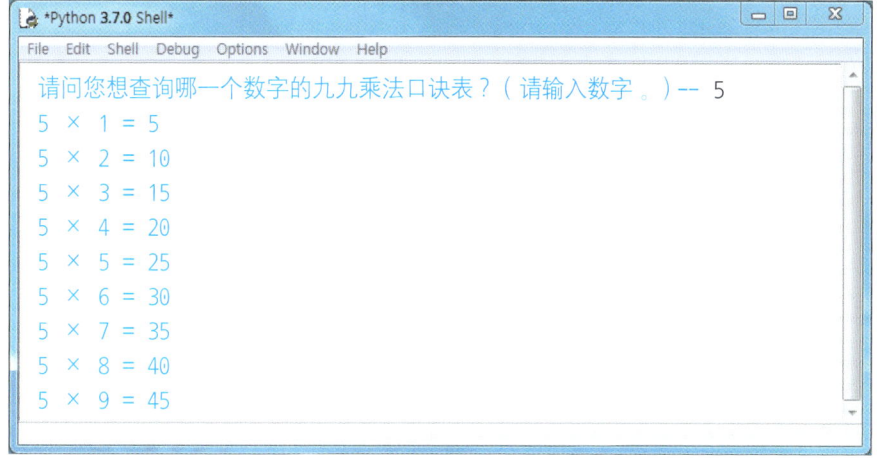

提示

在编写 Python 编码前，请将数字 1~9 的九九乘法表存储为文件。

第16天

灵活运用模块

学什么?

- 详细了解列表与元组的使用方法
- 详细了解有用的模块
- 使用 Turtle 模型进行精细绘画

了解要学习的项目

要学习的项目	指令	表现 / 说明
列表 / 元组	复合数据类型	整数型、字符串等各种数据类型同时存在。
	in 运算符	比较运算
	+ 运算符	合并运算
	* 运算符	重复运算
	append( )	在最后增加元素。
	insert( )	在指定位置增加元素。
	extend( )	扩展列表。
	sort( )	按照升序排列。
	reverse( )	按照降序排列。
	tutple( )/list( )	将列表型转换为元组型,将元组型转换为列表型。
模块	random	随机选择功能
	sys	打开 Python 指令窗口。
	datetime	日期时间功能
	calendar	日历功能
turtle 模块	画四边形	使用重复句画出四边形。
	画多边形	画出正多边形。
	画出彩色圆形	使用重复句画出彩色圆形。
	文字旋涡	使用输入的文字做出旋涡状。

跟我来编程

1 了解列表与元组的使用方法

❶ 复合数据类型

– 元素中同时含有多种不同类型。

元素的数据类型中，整数型、实数型、字符串、列表与元组形式可能同时混杂出现。

```
>>> my_tuple = (1,'ab',3.14,(1,2))
>>> my_list = [2,'cd',6.28,[3,4]]
```

– 选择元素的方法是，左边第一个元素从 0 开始，然后向右排序。

负数（–）顺序是右边的第一个元素从 "–1" 开始，然后向左排序。

```
>>> my_tuple[1]
'ab'
>>> my_tuple[-1]
(1, 2)
>>> my_list[3]
[3, 4]
>>> my_list[-3]
'cd'
```

❷ in 运算符

– 确认在列表、元组以及字符串中是否有特定的元素。

●［A in B］是将 A 是否属于 B 的结果以布尔型（True 或者 False）返回。
●［A not in B］是将 A 是否不属于 B 的结果以布尔型（True 或者 False）返回。

```
>>> my_list = [1,2,3,4,5]
>>> 2 in my_list
True
>>> 2 not in my_list
False
>>> 6 not in my_list
True
```

– 主要在重复句 for 语句中使用。

［for A in B］是如果 A 属于 B，则执行重复句。

```
>>> my_list = [1,2,3]
>>> for i in my_list:
        print(i)

1
2
3
```

❸ "+" 运算符

– "+" 运算符连接列表、元组与字符串。

● 运算符是为计算变量或值而使用的符号，例如 "+, –, *, /, =" 等。
● 即使元素的值相同，也可以因为需要区分元素的顺序而使用它们。

```
>>> (1,2,3) + (5,6,7)
(1, 2, 3, 5, 6, 7)
>>> [1,2,3] + [1,2,3]
[1, 2, 3, 1, 2, 3]
>>> 'hello' + ' ' + 'world'
'hello world'
```

❹ '*' 运算符

– "*" 运算符可将列表、元组、字符串进行重复。

```
>>> ('a','b','c') * 2
('a', 'b', 'c', 'a', 'b', 'c')
>>> ['a','b','c'] * 2
['a', 'b', 'c', 'a', 'b', 'c']
>>> 'abc' * 3
'abcabcabc'
```

❺ 增加元素

– 使用 append( ) 与 insert( ) 在列表内增加元素。

元组内的元素无法进行更改。

– append( ) 可在最后增加元素。

– insert( ) 可在特定位置增加元素。

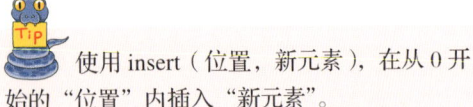

使用 insert（位置，新元素），在从 0 开始的"位置"内插入"新元素"。

```
>>> my_list = [1,2,3,4,5]
>>> my_list.append('a')
>>> my_list
[1, 2, 3, 4, 5, 'a']
>>> my_list.insert(3,'b')
>>> my_list
[1, 2, 3, 'b', 4, 5, 'a']
```

⑥ extend( ) 与 append( )

– extend( ) 扩展了列表，该列表必须是 extend( ) 的参数。

– append( ) 从列表中添加元素，append( ) 的参数中可以包含所有类型的元素。

```
>>> my_list = [1,2,3]
>>> my_list.extend([4,5,6])
>>> my_list
[1, 2, 3, 4, 5, 6]
>>>
>>> my_list = [1,2,3]
>>> my_list.append([4,5,6])
>>> my_list
[1, 2, 3, [4, 5, 6]]

>>> my_list.extend(8)
Traceback (most recent call last):
  File "<pyshell#16>", line 1, in <module>
    my_list.extend(8)
TypeError: 'int' object is not iterable
>>> my_list.append(8)
>>> my_list
[1, 2, 3, [4, 5, 6], 8]
```

⑦ 排序

– reverse( ) 将元素倒序排列。

– sort( ) 将元素的值按照从小到大的顺序进行排列。

```
>>> my_list = [1, 3, 5, 2, 4]
>>> my_list.reverse()
>>> my_list
[4, 2, 5, 3, 1]
>>>
>>> my_list.sort()
>>> my_list
[1, 2, 3, 4, 5]
```

⑧ 转换列表与元组的类型

– 比起元组，列表的运算较慢，但功能更多。

– 列表可以转换为元组，元组也可以转换为列表。

```
>>> my_list = [1, 2, 3, 4, 5]
>>> tuple(my_list)
(1, 2, 3, 4, 5)
>>>
>>> my_tuple = (1, 2, 3, 4, 5)
>>> list(my_tuple)
[1, 2, 3, 4, 5]
```

❶ random 模块

– 生成随机值的模块。

– import random 将随机模块的代码放入正在编写的代码中。

模块是具有多种有用函数功能的宝库。依据函数的用途，它可以按照各种名称进行分类。

– 计算机生成任意数，并将其存储在变量 [num] 内。

● random.randint（ ）作为基本类型，生成从 0 至 1 未满的实数。
● random.randint（x,y）随机生成从 x 至 y 未满的整数。

– while 重复句比较用户输入的值与变量 [num] 的值。

– 存储文件后运行。存储文件名为 "16.module. random1.py"。

– 如果用户输入的值是正确答案，则输出 "叮咚 ～ 回答正确。" 重复句终止。相反，如果不是正确答案，则给出提示，执行重复句，直至用户猜对为止。

```python
import random

num = random.randint(1,100)

while True:
    print('我想到的1~100中的数字是？')
    guess = int(input())
    if guess == num:
        print('叮咚~回答正确 。')
        break;
    elif guess < num:
        print('比%d大 。请继续猜！' % guess)
    elif guess > num:
        print('比%d小 。请继续猜！' % guess)
```

```
>>>
 RESTART: D:\Python，很高兴认识你！\项目\16.module.
random1.py
我想到的1~100中的数字是？
70
比70大 。请继续猜！
我想到的1~100中的数字是？
75
比75小 。请继续猜！
我想到的1~100中的数字是？
71
叮咚~回答正确 。
```

❷ random 模块 – 随机提取

– choice（ ）的含义是，随机提取字符串、列表、元组等中的元素并返回值。

> **Tip** 存储一个以上的值的形式被称为集合（collection）。集合的种类有列表、元组、字符串、字典等。

– 存储文件后运行。存储文件名为 "16.module.random2.py"。

– 可看到，文件随机提取了一个值。

```python
import random

man = ['李舜臣','世宗大王','金庾信','安重根']

my_choice = random.choice(man)

print(my_choice)
```

```
>>>
RESTART: D:\Python，很高兴认识你！\项目\16.module.random2.py
李舜臣
```

❸ random 模块 – 混合

– shuffle（ ）的含义是，将字符串、列表、元组等元素随机混合后，重新按照顺序排列。

– 存储文件后运行。存储文件名为 "16.module.random3.py"。

– 可以确认现有元素的顺序与打乱重新排序后的顺序。

```python
import random

man = ['李舜臣','世宗大王','金庾信','安重根']

print('前>> ', man)

random.shuffle(man)

print('后>> ', man)
```

```
>>>
RESTART: D:\Python，很高兴认识你！\项目\16.module.random3.py
>> ['李舜臣','世宗大王','金庾信','安重根']
>> ['世宗大王','金庾信','安重根','李舜臣']
```

④ sys 模块

– 控制 Python 指令窗口（python 3.7.0 shell）。

– sys.stdin.readline（）的含义是，在 Python 指令窗内逐行接收用户输入的指令。

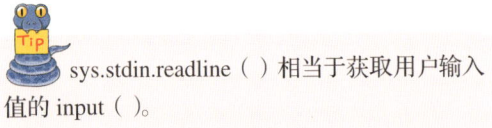 sys.stdin.readline（）相当于获取用户输入值的 input（）。

– readline（）的含义是，若在参数内输入数字，则将接收与输入数字相同的值。

– sys.stdout.write（）的含义是，在画面中输出输入的内容。

– sys.version（）的含义是，输出 Python 程序的版本。

– 存储文件后运行。存储文件名为"16.module.svs.py"。

– 如果用户输入"123456789"，则输出该数字。

– 之后单击 Enter↵，将在画面中显示输出输入的内容与 Python 程序的版本。

```
import sys

output = sys.stdin.readline()
print(output)

print(sys.stdin.readline(5))

sys.stdout.write('在画面显示。')

print(sys.version)
```

```
>>>
 RESTART: D:\Python，很高兴认识你！\项目\16.module.
sys.py
123456789
123456789

在画面显示。3.7.0 (v3.7.0:1bf9cc5093, Mar 28 2018,
16:07:46) [MSC v.1914 32 bit (Intel)]
```

⑤ datetime 模块

– datetime 工具可以让您轻松处理日期与时间。比起 time 模块，它具有更多的功能。

> 请参考"第 14 天 节约代码的编程"中的第 94 页，详细了解 time 模块。

– now（）将以秒为单位调取现在的日期与时间信息。

– strftime（）将日期与时间信息以字符串的形式进行格式化。

> 请参考"附录 Python 用语与要点整理"的第 178 页，可以了解各种各样的格式化形式。

– date（）与 time（）可将任意日期与时间转换为 datetime 形式。

– timedelta（）是利用时间间隔进行日期时间计算的功能。

> "–"符号的含义是，从基准时间开始往前倒推。

– 存储文件后运行。存储文件名为"16.module.datetime.py"。

– 文件输出"今天的日期与时间信息"等。

```python
import datetime

current = datetime.datetime.now()

print(current)
print(current.strftime('%Y-%m-%d'))
print(current.strftime('%H:%M:%S'))
print(current.strftime('%Y-%m-%d %H:%M:%S'))

print(datetime.date.today())
```

```python
my_date = datetime.date(2018, 3, 9)
my_time = datetime.time(13, 33, 58)
my_datetime = datetime.datetime.combine(my_date, my_time)
print(my_datetime)

print(datetime.timedelta(days=1))
print(current + datetime.timedelta(days=1))
print(current + datetime.timedelta(days=-1))
print(current + datetime.timedelta(weeks=1))
print(current + datetime.timedelta(hours=-6, minutes=30))
```

```
>>>
 RESTART: D:\Python，很高兴认识你！\项目\16.module.datetime.py
2018-06-05 15:19:37.320819
2018-06-05
15:19:37
2018-06-05 15:19:37
2018-06-05
2018-03-09 13:33:58
1 day, 0:00:00
2018-06-06 15:19:37.320819
2018-06-04 15:19:37.320819
2018-06-12 15:19:37.320819
2018-06-05 09:49:37.320819
```

⑥ calendar 模块

– 与日历有关的模块，可输出日历、星期等信息。

– calendar（）可输出特定年度的日历。

– prcal（）可输出特定年度的日历。

– prmonth（）可输出特定月份的日历。

– weekday（）可返回特定日期的星期信息。

 星期一的值为 0，最多返回值为 6 的数字。

– monthrange（）可告知特定月份第一天是周几，以及当月共有多少天。

– 存储文件后运行。存储文件名为"16.module.calendar.py"。

– 可输出特定年度的日历等内容。

```python
import calendar

print(calendar.calendar(2018))

print(calendar.prcal(2018))

print(calendar.prmonth(2018, 4))

my_weekday = calendar.weekday(2018,5,5)
weekday_list = ('星期一','星期二','星期三',
'星期四','星期五','星期六','星期日')
print(weekday_list[my_weekday])

day_info = calendar.monthrange(2018, 5)
weekday_info = day_info[0]

print(day_info)
print(weekday_list[weekday_info])
print(day_info[1], '直到为止。')
```

```
>>>
RESTART: D:\Python，很高兴认识你！\项目\16.module.
calender.py
                              2018
        January              February              March
Mo Tu We Th Fr Sa Su  Mo Tu We Th Fr Sa Su  Mo Tu We Th Fr Sa Su
 1  2  3  4  5  6  7            1  2  3  4            1  2  3  4
 8  9 10 11 12 13 14   5  6  7  8  9 10 11   5  6  7  8  9 10 11
15 16 17 18 19 20 21  12 13 14 15 16 17 18  12 13 14 15 16 17 18
22 23 24 25 26 27 28  19 20 21 22 23 24 25  19 20 21 22 23 24 25
29 30 31              26 27 28              26 27 28 29 30 31

         April                  May                  June
Mo Tu We Th Fr Sa Su  Mo Tu We Th Fr Sa Su  Mo Tu We Th Fr Sa Su
                   1      1  2  3  4  5  6               1  2  3
 2  3  4  5  6  7  8   7  8  9 10 11 12 13   4  5  6  7  8  9 10
 9 10 11 12 13 14 15  14 15 16 17 18 19 20  11 12 13 14 15 16 17
16 17 18 19 20 21 22  21 22 23 24 25 26 27  18 19 20 21 22 23 24
23 24 25 26 27 28 29  28 29 30 31          25 26 27 28 29 30
30

         July                 August              September
Mo Tu We Th Fr Sa Su  Mo Tu We Th Fr Sa Su  Mo Tu We Th Fr Sa Su
                   1         1  2  3  4  5                  1  2
 2  3  4  5  6  7  8   6  7  8  9 10 11 12   3  4  5  6  7  8  9
 9 10 11 12 13 14 15  13 14 15 16 17 18 19  10 11 12 13 14 15 16
16 17 18 19 20 21 22  20 21 22 23 24 25 26  17 18 19 20 21 22 23
23 24 25 26 27 28 29  27 28 29 30 31        24 25 26 27 28 29 30
30 31

        October              November             December
Mo Tu We Th Fr Sa Su  Mo Tu We Th Fr Sa Su  Mo Tu We Th Fr Sa Su
 1  2  3  4  5  6  7            1  2  3  4                  1  2
 8  9 10 11 12 13 14   5  6  7  8  9 10 11   3  4  5  6  7  8  9
15 16 17 18 19 20 21  12 13 14 15 16 17 18  10 11 12 13 14 15 16
22 23 24 25 26 27 28  19 20 21 22 23 24 25  17 18 19 20 21 22 23
29 30 31              26 27 28 29 30        24 25 26 27 28 29 30
                                            31

None
       April 2018
Mo Tu We Th Fr Sa Su
                   1
 2  3  4  5  6  7  8
 9 10 11 12 13 14 15
16 17 18 19 20 21 22
23 24 25 26 27 28 29
30
None
星期四
(1, 31)
星期二
直到31日为止。
```

3 使用 Turtle 模块进行精细绘画

❶ 画四边形

– 同时插入 turtle 模块与 time 模块。

可以使用 "import turtle, time" 语句。

– 为使用 turtle 模块，进行初始化。

– 使用 for 重复句，画 4 条线，组成四边形。

– 使用 time 模块中的 sleep（），为了画线而停止 1 秒。

– 在菜单内选择 [File → Save] 或者在键盘上同时按下 F5 + S，存储文件。储存文件名为 "16. module.turtle1.py"。

– 在菜单内选择 [Run → Run Module] 或者在键盘上按下 F5，运行程序。

– 乌龟开始画四边形。

```python
import turtle
import time

my_turtle = turtle.Pen()

for x in range(1,5):
    my_turtle.forward(100)
    my_turtle.right(90)
    time.sleep(1)
```

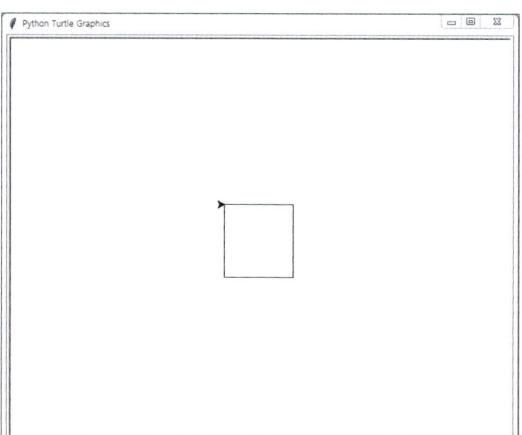

❷ 画多边形

- 同时插入 turtle 模块与 sys 模块。

- 为使用 turtle 模块，进行初始化。

- 从用户处以数字形式获得其想勾勒的图形，存储为变量［figure］。

 边数最少的图形为三角形，故用户需要输入 3 以上的数字。

- 从 0 开始，画出不到 figure 值的线。

 可用"range（figure）"表示。

- 图形的角加起来均为 360°，因此移动方向为"360/figure"。

- 存储文件后运行。存储文件名为"16.module. turtle2.py"。

- 乌龟画出输入值所对应的图形。

```python
import turtle, sys

my_turtle = turtle.Pen()
print('想画几边形呢？（请输入数字 。)')
figure = int(sys.stdin.readline())

for x in range(0,figure):
    my_turtle.forward(100)
    my_turtle.left(360/figure)
```

>>>
 RESTART: D:\Python，很高兴认识你！\项目\16.module. turtle2.py
 想画几边形呢？（请输入数字 。)
 8

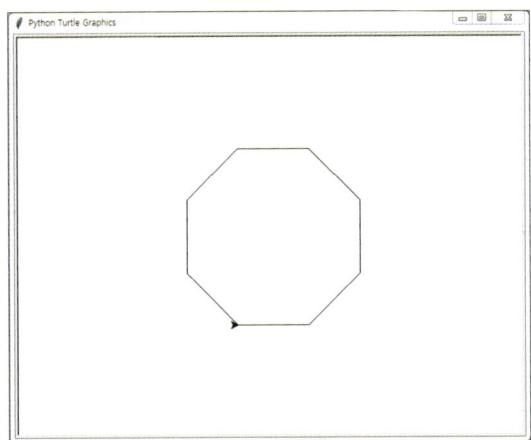

❸ 继续画 4 种颜色的圆

– 插入 turtle 模块。

– 为使用 turtle 模块，进行初始化。

– 设定画面背景颜色为灰色（gray）。

– 将笔刷的颜色设定为列表。输入红色（red）、橘色（orange）、蓝色（blue）、绿色（green）。

– 在半径 0～100 之间绘制一个圆。

笔刷颜色按照 colors 列表的顺序进行变换，其余部分通过计算进行设置。

– 存储文件后运行。存储文件名为"16.module.turtle3.py"。

– 乌龟不停地画 4 种颜色的圆。

```python
import turtle

my_turtle = turtle.Pen()
turtle.bgcolor('gray')
colors = ['red','orange','blue','green']

for x in range(100):
    my_color = colors[x % 4]
    my_turtle.pencolor(my_color)
    my_turtle.circle(100 - x)
    my_turtle.left(90)
```

❹ 制造文字旋涡

– 插入 turtle 模块。

– 为使用 turtle 模块，进行初始化。

– 以列表设定文字的颜色。

– 将用户输入的名字按照列表进行初始化，编写 while 重复句，使得输入的名称与颜色列表的编号数目相同。

– 使用 textinput（ ）从用户处获得名字，使用 append（ ）将名字增加至列表。

– 使用 for 重复句重复 100 次。

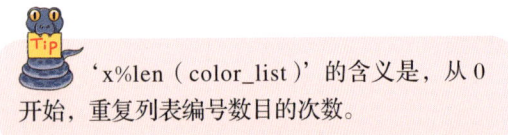
'x%len（color_list）' 的含义是，从 0 开始，重复列表编号数目的次数。

– forward（x*4）是指字体的大小逐渐变大。

– write（ ）的含义是将名字列表中的名字按照顺序表示。

–（x+4）/4 的含义是字体的大小以 1/4 的程度增长。

– left（360/len（name_list）+5）是指 left（360/4+5），字体每次以 5° 的角度旋转。

– 存储文件后运行。存储文件名为 "16.module.turtle4.py"。

– 输入名字后出现弹窗。用户全部输入名字后，点击 [OK] 键，则形成文字旋涡。

```python
import turtle

my_turtle = turtle.Pen()
color_list = ['red','orange','blue','green']

name_list = []

while len(name_list) < len(color_list):
    name = turtle.textinput('名字','输入名字')
    name_list.append(name)

for x in range(100):
    colors = color_list[x % len(color_list)]
    names = name_list[x % len(name_list)]

    my_turtle.pencolor(colors)
    my_turtle.penup()
    my_turtle.forward(x*4)
    my_turtle.pendown()
    my_turtle.write(names, font=('Arial',
int((x+4)/4), 'bold'))
    my_turtle.left(360/len(name_list)+5)
```

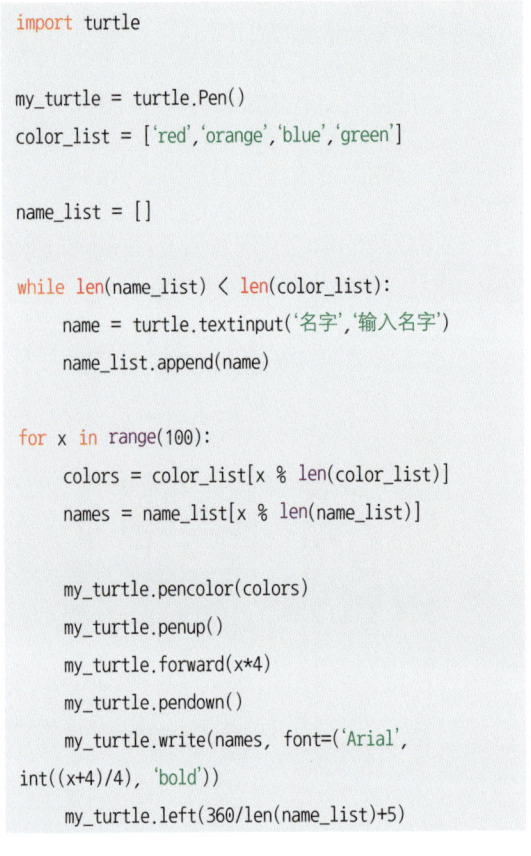

挑战习题

正确答案：173页 ▶▶▶

 问题

本小节我们学习了列表与元组的不同使用方法、有用的模块的使用方法以及 turtle 图形。那么现在我们来一起运用学过的内容吧。

1. 请编写如下 Python 程序：获得用户输入的日期之后，计算从当天起 100 天后的日期与星期并输出。

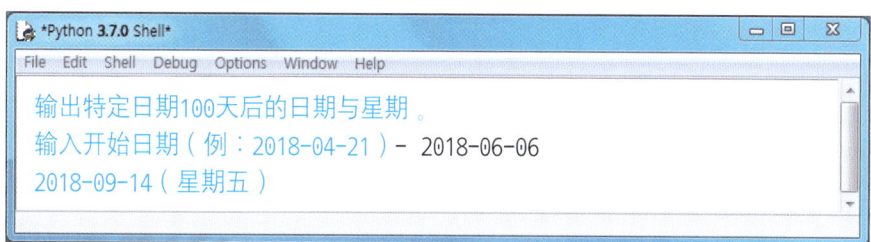

提示

- time 模块，datetime 模块
- time.strptime（ ），datetime.timedelta（ ）

2. 使用 turtle 模块，尝试画出有随机粗细与颜色的线条的正多边形。

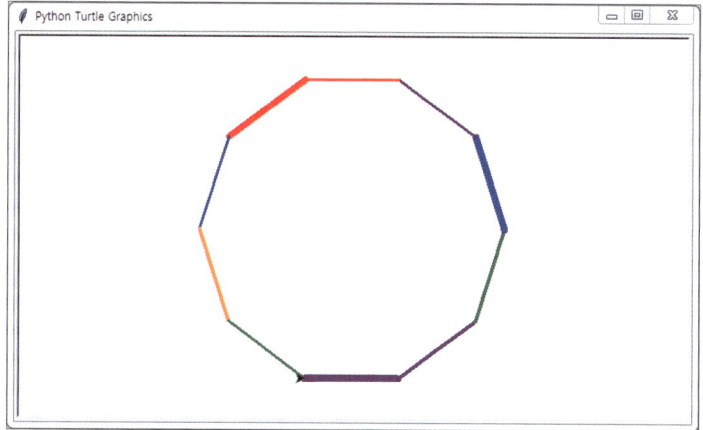

提示

- 线的粗细：2 ~ 9
- 颜色："red" "blue" "green" "purple" "orange"

第4章
制作游戏

 第17天　地铁智能聊天机器人

 第18天　石头剪刀布

 第19天　数字棒球游戏

 第20天　操纵乌龟

使用 Python 制作游戏

基本的内容我们都学过啦!

跟着这个机器人走吧!能学到更有趣的东西!

好的!

请跟我来!

一起走。

GO!

你好,我的名字是聊天机器人!我们已经学习了 Python 的顺序、比较、重复等,感觉如何呢?

Python 并不像我们担心的那么难呢!有些部分甚至感觉比模块编码还要容易。

你好。

那么我们一起来试着制作简单的游戏吧!

^^

让我们来教你们吧!

因为我喜欢棒球,所以我想做棒球游戏!你呢?

我想做可以和宠物一起玩的游戏!

首先,在制作游戏之前,我们要先思考想要制作的游戏的规则与游戏过程。

这之后要干什么呢？

之后要思考，如何将游戏规则与游戏过程用 Python 表现出来。

如果觉得太复杂太困难的话，可以分步骤进行思考！这样会简单很多。

东炫好像理解了，娟娟你知道怎么制作游戏了吗？

嗯，我也理解了！

好像已经成为帅气的程序员了，那么我们直接来做一做试试看吧！

好的，挑战！

孩子们，我也一起去！

大家也一起来制作游戏吧，GO GO！

啊！Python 拥有多种多样的模块与组件，不光能制作图像、声音与视频，还可以制作网页呢！

不光如此，它的用途十分广泛，可以编写程序来控制诸如 Arduino 与 Raspberry Pi 这样的设备！

127

第17天 地铁智能聊天机器人

学什么?

- 了解 Entry
- Entry 主页注册会员,浏览菜单栏
- Entry 离线编辑器的安装方法,了解编辑器的构成

完成作品预览

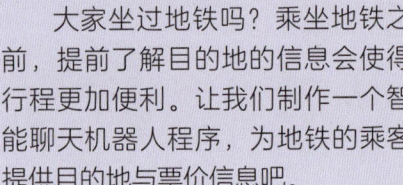

大家坐过地铁吗?乘坐地铁之前,提前了解目的地的信息会使得行程更加便利。让我们制作一个智能聊天机器人程序,为地铁的乘客提供目的地与票价信息吧。

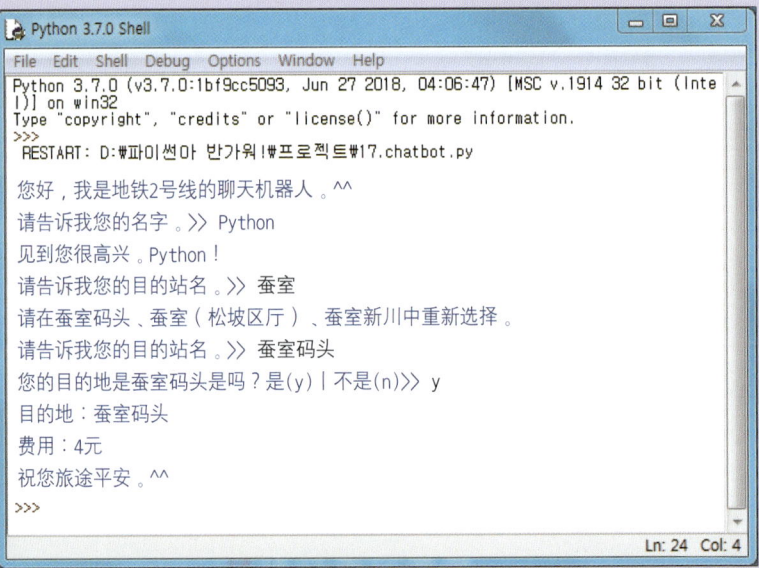

了解要学习的项目

要学习的项目	说明
故事讲述	构建生动有说服力的故事,更加明确地定义程序的架构。
分解与征服	将复杂的故事架构与进程分解为易于理解的部分单独处理,再将其连接起来并解决问题的方法。
转换数据类型	将数据类型转变为易于处理的数据类型进行简单处理。

 **跟我来编程**

1 输出

打开新文件

– 在 IDLE 编辑器菜单内选择 [File → New File]。

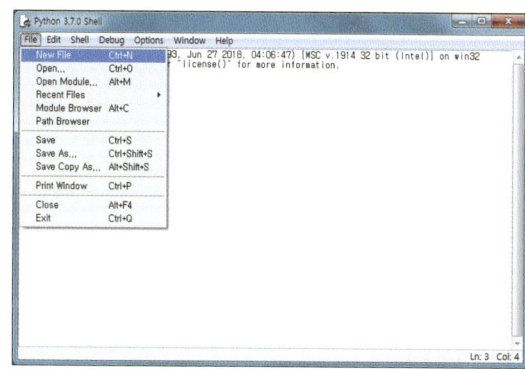

– 在 IDLE 编辑器内打开非 prompt 窗口的新窗口，在此开始 Python 编程。

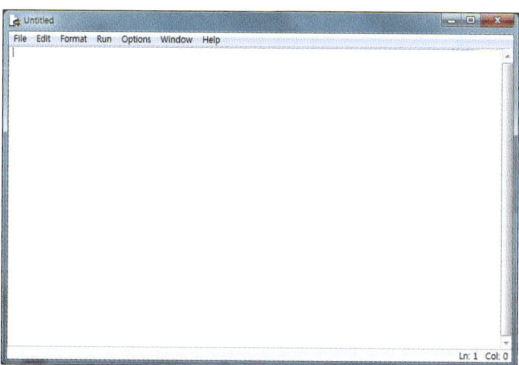

2 构建故事

使用背景、对象、故事进程、输入信息、输出信息等进行故事整体进程的构建。

提示

> **背景**：首尔地铁 2 号线某个车站内。
> **对象**：站内设置的聊天机器人针对乘客的提问提供目的站点与票价信息。
> **故事进程**：使用乘客的姓名信息进行问候之后，获取乘客的目的站名，生成并告知目的站点信息与票价信息。
> **输入信息**：乘客姓名，目的站名。
> **输出信息**：目的站点信息，目的站点的票价信息。

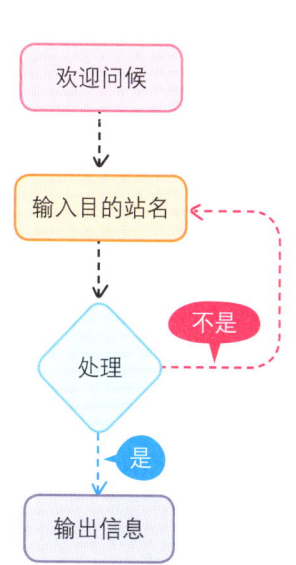

选择使用模块

❶ 第 1 行：以注释形式介绍程序。

❷ 插入时间（time）与随机（random）模块。

> 将内置模块复制到程序中以获取时间和随机功能。

```
1  # 17.          (chatbot)
2
3  import time, random
4
```

欢迎问候

❶ 第 5、7、10 行：增加空行，确保来源引起注意。

❷ 第 6 行：介绍"地铁 2 号线聊天机器人"。

❸ 第 8 行：将用户（乘客）姓名作为输入值储存至变量 name。

❹ 第 9 行：使用 1 秒钟的静默时间来表明聊天机器人正在处理数据。

❺ 第 11 行：使用作为输入值获得的乘客姓名进行欢迎问候。

```
5  print()
6  print('我是地铁2号线聊天机器人。^^')
7  print()
8  name = input('请告知您的姓名。>> ')
9  time.sleep(1)
10 print()
11 print('见到您很高兴。' + name + '客人！')
```

5 准备数据

① 在韩国公共数据网［www.data.go.kr］（本网站为韩国政府网站，故只有韩文版本，无英文或中文版本。译者注）菜单中的［数据套组－文件数据］选项内搜索并下载"首尔公共交通站名与距离信息"。

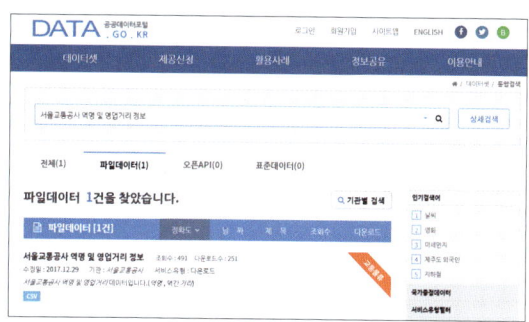

> 🐍 韩国公共数据网是韩国提供各种数据的网站。在"首尔公共交通站名与距离信息（www.data.go.kr/dataset/15003842/fileData.do）"文件中可以查询首尔地铁 2 号线的站名。

② 第 13 行：在变量 stations 内按顺序输入首尔地铁 2 号线站名后，以字符串形式进行存储。

```
12
13   stations = '市政府,乙支路入口,乙支路3街,乙支
     路4街,东大门历史文化公园,新堂,上往十里,往十里
     (城东区厅),汉阳大,蠹岛,圣水,建大入口,九宜(广
     津区厅),江边(东首尔客运站),蚕室码头,蚕室(松
     坡区厅),蚕室新川,综合运动场,三星(贸易中心),
     宣陵,驿三,江南,教大(法院,检察院),瑞草,方背,舍
     堂,落星垈,首尔大入口(冠岳区厅),奉天,新林,新
     大方,九老数码园地,大林(九老区厅),新道林,文来,
     永登浦区厅,堂山,合井,弘大入口,新村,梨大,阿
     岘,忠正路(京畿大入口),市政府,龙踏,新踏,龙头
     (东大门区厅),新设洞,道林川,阳川区厅,新亭十字
     路口,喜鹊山'
14
```

6 构建函数 main( )

① main(stns)：第一个调用并启动的函数。获得用户输入的目的站点名称，并生成目的站点信息。

> 🐍 参数（parameter，输入指令时添加或更改数字信息，以确保按照用户要求的方式处理数据。）

```
15
16   def main(stns):
17       print()
18       togo = input('请告知目的站名。>>')
19       time.sleep(1)
20       search_station(togo, stns)
21
```

② 第 18 行：获得用户输入的目的站名值。

③ 第 19 行：使用 1 秒钟的静默时间来表明聊天机器人正在处理数据。

④ 第 20 行：使用函数 search_station( ) 调用目的站点与站名参数。

7 构建函数 search_station( )

❶ 第 23 行：search_station（stn_name,stns）的含义是，将从地铁站名信息中检索目的站名，并返回结果。

❷ 第 24 行：使函数外部的变量 stations 成为全局变量，以便可以在函数内部对其进行处理。

❸ 第 25 行：以逗号（,）为基准分离站名字符串，构建 station_name 列表。

❹ 第 26 行：将列表 my_list 设置初始化。

❺ 第 27～29 行：在列表 station_name 中检索是否有用户输入的 stn_name，若有站名被检索到，则增加至列表 my_list。

❻ 第 31～33 行：若列表 my_list 为空，则按照无用户输入的站名处理。

❼ 第 34～41 行：若列表 my_list 的值只有 1 个，则核实输入信息后输出结果。

❽ 第 42～45 行：若列表 my_list 内有多个值，则意味着有相似名称，将 my_list 中的站名处理为字符串，使用函数 main( ) 调出并告知用户。

```
22
23    def  search_station(stn_name, stns):
24        global stations
25        station_name = stns.split(',')
26        my_list = []
27        for x in station_name:
28            if x.find(stn_name) > -1:
29            my_list.append(x)
30
31        if len(my_list) == 0:
32          print('  n2号线上无此站名或输入错误。')
33        main(stations)
34        elif len(my_list) == 1:
35            search_name = my_list[0]
36            print()
37            flag = input(search_name  +'站是否
                正确？是(y)|否(n) >> ')
38            if flag == 'y':
39              inform_fare(search_name)
40            else:
41                main(stations)
42        else:
43            search_list = ','.join(my_list)
44            print('  n' + search_list + '请重
                新选择。')
45            main(search_list)
46
```

8 构建 inform_fare（ ）函数

❶ 第 48 行：inform_fare（stn_name）是输出从用户处获得的目的站点信息与票价信息的最终步骤。

❷ 第 49 行：输出目的站点信息。

❸ 第 50 行：输出到达目的站点的票价信息。

❹ 第 51 行：告别用户，智能聊天机器人程序终止。

```
47
48    def  inform_fare(stn_name):
49        print('\n 目的站： ' + stn_name)
50        print('票价:1200韩元')
51        print('\n 祝您旅途平安。^^')
52
```

9 开始程序

第 54 行：通过将站名的字符串作为参数传递给函数，开始检索有关目的站点的信息。

```
53
54  main(stations)
55
```

10 确认结果

❶ 在菜单内选择 [File → Save] 选项或者在键盘上同时按下 Ctrl + S 键，储存文件。储存文件名为"17.chatbot.py"。

```
# 17.智能聊天机器人(chatbot)

import time, random

print()
print('你好。我是地铁2号线的智能聊天机器人。^^')
print()
name = input('请输入姓名。>>')
time.sleep(1)
print()
print('认识你很高兴。'+ name +'先生/女士！')

stations = '市政府,乙支路入口,乙支路3街,乙支路4街,东大门历史文化公园,新堂,上往十里,往十里(城东)

def main(stns):
    print()
    togo = input('请输入目的站点名称。>>')
    time.sleep(1)
    search_station(togo,stns)

def search_station(stn_name,stns):
    global stations
    station_name = stns.split(',')
    my_list = [ ]
    for x in station_name:
        if x.find(stn_name) > -1:
            my_list.append(x)

    if len(my_list) == 0:
        print('\n2号线内无此站点或输入错误。')
        main(stations)
    elif len(my_list) == 1:
        search_name = my_list[0]
        print()
        flag = input(search_name + '站是吗? 是(y)|不是(n)>>'
        if flag == 'y':
            inform_fare(search_name)
        else:
```

❷ 在菜单内选择 [Run → Run Module] 或者在键盘上按下 F5 键。

```
Python 3.8.3 (v3.8.3:6f8c8320e9, May 13 2020, 16:29:34)
[Clang 6.0 (clang-600.0.57)] on darwin
Type "help", "copyright", "credits" or "license()" for more information.
>>>
== RESTART: /Users/CheyenneYe/Documents/17.智能聊天机器人.py ==

你好。我是地铁2号线的智能聊天机器人。^^

请输入姓名。>>Python

认识你很高兴。Python先生/女士！

请输入目的站点名称。>>蚕室

蚕室码头，蚕室(松坡区厅)，蚕室新川内重新选择。

请输入目的站点名称。>>蚕室码头

蚕室码头站是吗? 是(y)|不是(n)>>y

目的地:蚕室码头
票价: 4元

祝您旅途平安。^^
>>>
```

确认所有代码

以下是迄今为止在"17.智能聊天机器人"章节内构建的所有代码。

请大家核对作品内使用的所有代码。

```
*Python 3.7.0 Shell*
File  Edit  Shell  Debug  Options  Window  Help

# 17.智能聊天机器人(chatbot)

import time, random

print( )
print('您好,我是地铁2号线的聊天机器人。^^')
print( )
name = input('请告知您的姓名。>> ')
time.sleep(1)
print( )
print('见到您很高兴,' + name + '客人!')

stations = '市政府,乙支路入口,乙支路3街,乙支路4街,东大门历史文化公园,新堂,上往十里,往十里(城东区厅),汉阳大, 纛岛,圣水,建大入口,九宜(广津区厅),江边(东首尔客运站),蚕室码头,蚕室(松坡区厅),蚕室新川,综合运动场,三星(贸易中心),宣陵,驿三,江南,教大(法院,检察院),瑞草,方背,舍堂, 落星垈,首尔大入口(冠岳区厅),奉天,新林,新大方,九老数码园地,大林(九老区厅),新道林,文来,永登浦区厅,堂山,合井,弘大入口,新村,梨大, 阿岘,忠正路(京畿大入口),市政府,龙踏,新踏,龙头(东大门区厅),新设洞,道林川,阳川区厅,新亭十字路口,喜鹊山'


def main(stns):
    print( )
    togo = input('请告知目的站点名称。>> ')
    time.sleep(1)
    search_station(togo, stns)


def search_station(stn_name, stns):
    global stations
    station_name = stns.split(',')
    my_list = []
    for x in station_name:
        if x.find(stn_name) > -1:
            my_list.append(x)

    if len(my_list) = 0:
        print('\n2号线内无此站点或输入错误。')
        main(stations)
    elif len(my_list) = 1:
        search_name = my_list[0]
        print( )
        flag = input(search_name + '站是吗?是(y)|不是(n) >> ')
        if flag = 'y':
            inform_fare(search_name)
        else:
            main(stations)
    else:
        search_list = ','.join(my_list)
        print('\n' + search_list + '内重新选择。')
        main(search_list)


def inform_fare(stn_name):
    print('\n目的站点:' + stn_name)
    print('票价:1200韩元')
    print('\n祝您旅途平安。^^')


main(stations)
```

挑战习题

正确答案：第174页 ▶▶▶

使用从外部文件中导入地铁站名的方法进行编程。在公共数据主页下载 CSV 文件并使用。

 问题

地铁 1~8 号线中，你想去哪里呢？问一问智能聊天机器人吧。

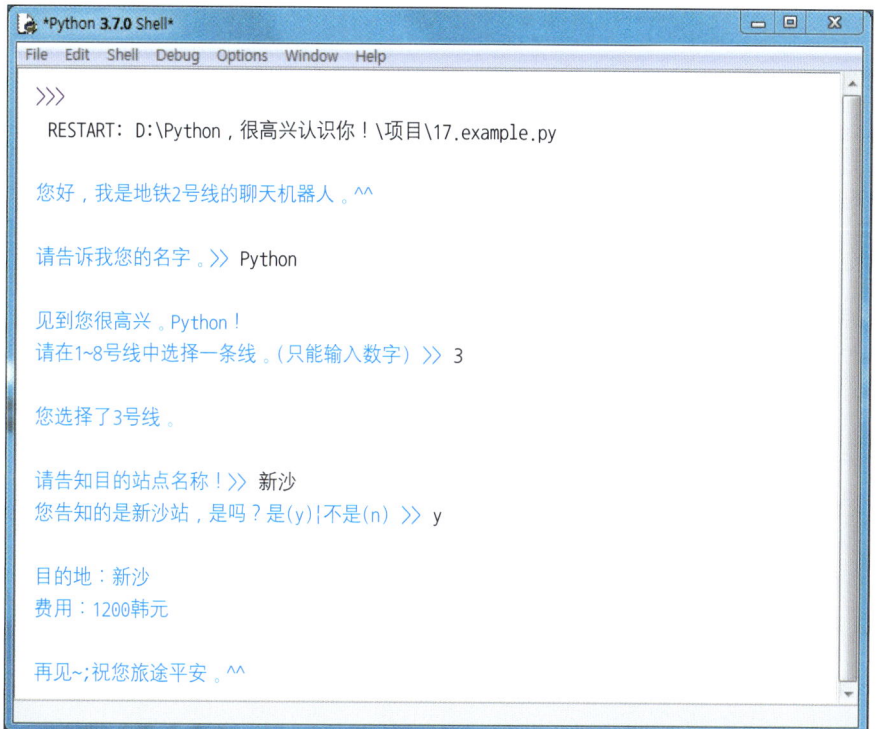

```
*Python 3.7.0 Shell*                                    _ □ X
File  Edit  Shell  Debug  Options  Window  Help

>>>
   RESTART: D:\Python，很高兴认识你！\项目\17.example.py

您好，我是地铁2号线的聊天机器人。^^

请告诉我您的名字。>> Python

见到您很高兴。Python！
请在1~8号线中选择一条线。（只能输入数字）>> 3

您选择了3号线。

请告知目的站点名称！>> 新沙
您告知的是新沙站，是吗？是(y)|不是(n) >> y

目的地：新沙
费用：1200韩元

再见~;祝您旅途平安。^^
```

 提示

　　进入公共数据主页 [www.data.go.kr]，在主页菜单内选择 [数据组→文件数据]。在检索窗内输入"首尔交通部"，点击检索按钮，则可检索到名为"首尔交通部站点名称与距离信息"的文件数据。下载 CSV（comma separated value）格式的文件，并将站名运用在习题中。储存文件名为"17.地铁站名 .csv"。增加 CSV 模块后，使用程序调用 CSV 文件"17.地铁站名 .csv"。

 CSV 是一种用逗号分隔数据的文本格式文件，在 Excel 与文本编辑器中均可使用。

剪刀石头布

学什么?

- 获取用户输入的值
- 在列表内随机选择一个值
- 比较两个值并决出胜负，控制游戏的进程

完成作品预览

想和计算机一起玩剪刀石头布吗? 用户在剪刀、石头、布中选择一个选项, 计算机也随机在剪刀、石头、布中选择一个选项。尝试编写程序判断用户与计算机的胜负, 输出游戏结果。

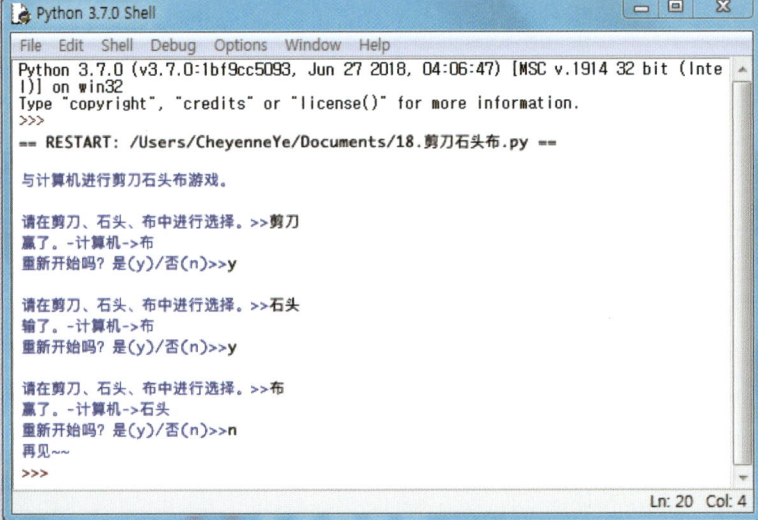

了解要学习的项目

要学习的项目	说明
用户输入值	使用内置函数 input( ) 与 sys 模块的 sys.stdin.readlines( ) 函数, 以字符串 (string) 形式获取用户输入的值。
随机选择	随机 (random) 模块中的 random.choice( ) 的含义是, 在列表的多个值中选择一个元素。
比较	将两个值进行比较, 返回真 (True)、假 (False) 这样的布尔型 (boolean) 结果。

跟我来编程

1 打开新文件

❶ 在 IDLE 编辑器菜单内选择 [File → New File]。

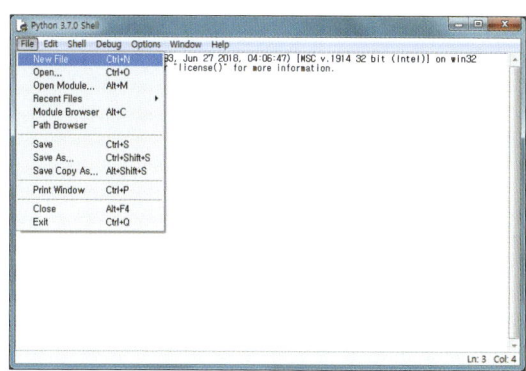

❷ 在 IDLE 编辑器内打开非 prompt 窗口的新窗口，在此开始 Python 编程。

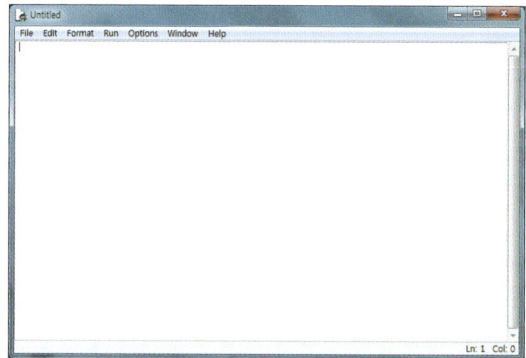

2 构建故事

使用背景、对象、故事进程、输入信息、输出信息等进行故事整体进程的构建。

提示

背景：用户与计算机之间的剪刀石头布游戏。

故事进程：用户在剪刀、石头、布中选择一个作为输入值，计算机随机在剪刀、石头、布中进行选择。将两个值进行比较，并输出结果。

输入信息：用户在剪刀、石头、布中的选择。

输出信息：剪刀石头布游戏的胜负结果。

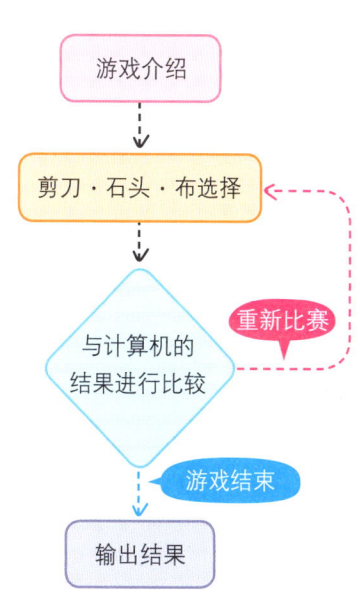

3 选择使用的模块

❶ 第 1 行：以注释形式对程序进行介绍。

❷ 插入时间（time）与随机（random）功能模块。

```
1  # 18.剪刀石头布
2
3  import time, random
```

4 介绍游戏

❶ 第 5 行：告知剪刀石头布游戏开始。

Tip 'Wn' 代表换行（new line）的 escape。

❷ 第 6 行：将布尔值 True 分配给变量 play。

```
4
5  print('Wn与计算机进行剪刀石头布游戏。')
6  play = True
7
```

5 用户选择剪刀·石头·布

❶ 第 8 行：若变量 play 的值为真（True），则重复执行 while 句。

❷ 第 10 行：在画面内输出"在剪刀、石头、布中进行选择"，获得用户输入的值。

❸ 第 11～12 行：若用户输入的值不在剪刀、石头、布内，则要求用户重新输入。

❹ 第 15 行：计算机随机在剪刀、石头、布中进行选择。

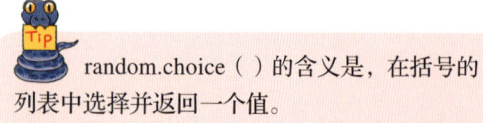

Tip random.choice（）的含义是，在括号的列表中选择并返回一个值。

❺ 第 17 行：暂停 1 秒。

```
8   while play:
9
10    player = input('Wn请在剪刀、石头、布中进行
      选择。≫ ')
11    while player != '剪刀' and player != '石头' and
      player != '布':
12        player = input('请在剪刀、石头、布中进行
          选择。≫ ')
13
14
15  computer = random.choice(['剪刀','石头','布'])
16
17  time.sleep(1)
18
```

6 ▸ 决定剪刀石头布游戏的胜负

❶ 第 20 ~ 21 行：若用户输入的值与计算机的随机选择相同，则输出"平局。^^"

❷ 第 22 ~ 26 行：当用户输入的值为"剪刀"时，依据计算机选择的值决定胜负。

> **Tip** 当用户输入的值为石头时，计算机若选择剪刀，则输出"输了。"，若计算机选择布，则输出"赢了。"。

❸ 第 27 ~ 31 行：当用户输入的值为"石头"时，依据计算机选择的值决定胜负。

> **Tip** 当用户输入的值为石头时，计算机若选择布，则输出"输了。"，若计算机选择剪刀，则输出"赢了。"。

❹ 第 32 ~ 36 行：当用户输入的值为"布"时，依据计算机选择的值决定胜负。

> **Tip** 当用户输入的值为布时，计算机若选择剪刀，则输出"输了。"，若计算机选择石头，则输出"赢了。"。

```python
19
20  if    player == computer:
21          print('平局。^^')
22  elif  player == '剪刀':
23          if computer == '石头':
24              print('输了。- 计算机->石头')
25          if computer == '布':
26              print('赢了。- 计算机->布')
27  elif  player == '石头':
28          if computer == '布':
29              print('输了。- 计算机->布')
30          if computer == '剪刀':
31              print('赢了。- 计算机->剪刀')
32  elif  player == '布':
33          if computer == '剪刀':
34              print('输了。- 计算机->剪刀')
35          if computer == '石头':
36              print('赢了。- 计算机->石头')
37
```

❶ 第 39 行：询问用户是否需要重新开始游戏，用户输入"y"或"n"。

❷ 第 40~41 行：若用户选择"y"，则将 True 值分配至变量 play 内，重新开始剪刀石头布游戏。

❸ 第 42~44 行：若用户选择"n"，则将 False 值分配至变量 play 内，终止游戏。

```
38
39    userInput = input('重新开始吗？是(y)/否
      (n) ≫ ')
40    if userInput == 'y':
41        play = True
42    else:
43        play = False
44    print('再见～')
45
```

8 ▶ 确认结果

❶ 在菜单内选择 [File → Save] 或者在键盘内同时按下 Ctrl + S ，存储文件。存储文件名为"18.game.py"。

```
# 18. 剪刀石头布

import time,random

print('\n与计算机进行剪刀石头布游戏。')
play = True

while play:
    # 用户选择剪刀石头布
    player = input('\n请在剪刀、石头、布中进行选择。>>')
    while player !='剪刀' and player !='石头' and player !='布':
        player = input('请在剪刀、石头、布中进行选择。>>')

    # 计算机随机选择剪刀石头布
    computer = random.choice(['剪刀','石头','布'])

    time.sleep(1)

    # 确认游戏结果
    if player == computer:
        print('平局。^^')
    elif player == '剪刀':
        if computer == '石头':
            print('输了。-计算机->石头')
        if computer == '布':
            print('赢了。-计算机->布')
    elif player == '石头':
        if computer == '布':
            print('输了。-计算机->布')
        if computer == '剪刀':
            print('赢了。-计算机->剪刀')
    elif player == '布':
        if computer == '剪刀':
            print('输了。-计算机->剪刀')
        if computer == '石头':
            print('赢了。-计算机->石头')

    # 重新开始
    userInput = input('重新开始吗? 是(y)/否(n)>>')
    if userInput == 'y':
```

❷ 在菜单内选择［Run → Run Module］或者在键盘上按下 F5 键，运行文件。

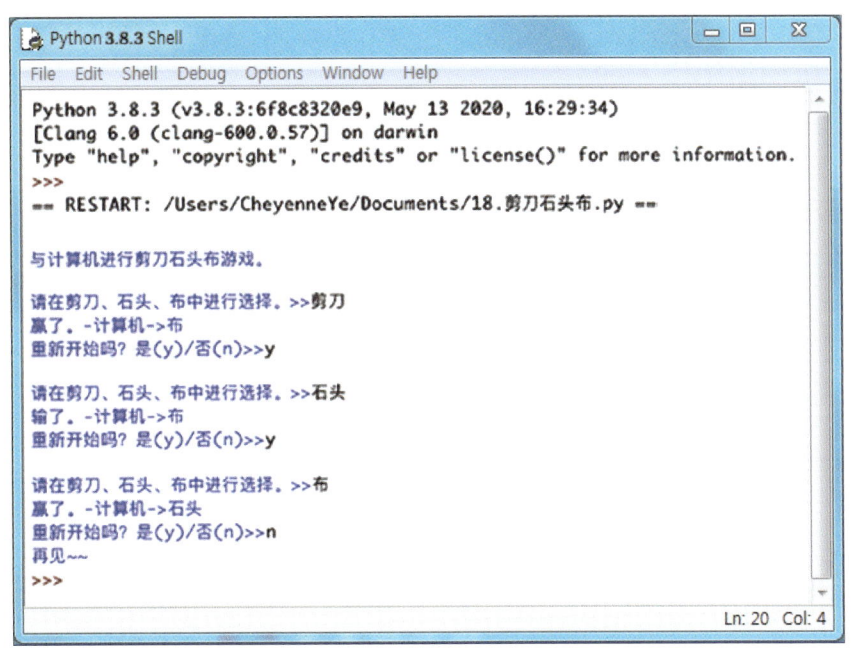

确认所有代码

以下是本章节"18. 剪刀石头布"内学习的所有代码。

请在作品内核实使用的所有代码。

```
# 18. 剪刀石头布

import time, random

print('\n与计算机进行剪刀石头布游戏。')
play = True

while play:
    # 用户选择剪刀石头布
    player = input('\n请在剪刀、石头、布中进行选择。>> ')
    while player != '剪刀' and player != '石头' and player != '布':
        player = input('请在剪刀、石头、布中进行选择。>> ')

    # 机算机随机选择剪刀石头布
    computer = random.choice(['剪刀','石头','布'])

    time.sleep(1)

    # 确认游戏结果
    if player == computer:
        print('平局。^^')
    elif player == '剪刀':
        if computer == '石头':
            print('输了。- 计算机->石头')
        if computer == '布':
            print('赢了。- 计算机->布')
    elif player == '石头':
        if computer == '布':
            print('输了。- 计算机->布')
        if computer == '剪刀':
            print('赢了。- 计算机->剪刀')
    elif player == '布':
        if computer == '剪刀':
            print('输了。- 计算机->剪刀')
        if computer == '石头':
            print('赢了。- 计算机->石头')

    # 重新开始
    userInput = input('重新开始吗?是(y)/否(n) >> ')
    if userInput == 'y':
        play = True
    else:
        play = False
        print('再见~')
```

挑战习题

正确答案：第175页 ▶▶▶

大家知道提问 20 次，看谁答题正确率高的游戏"二十关"吗？请试着制作二十关游戏吧。

 问题

请制作猜计算机随机生成的数字的游戏。

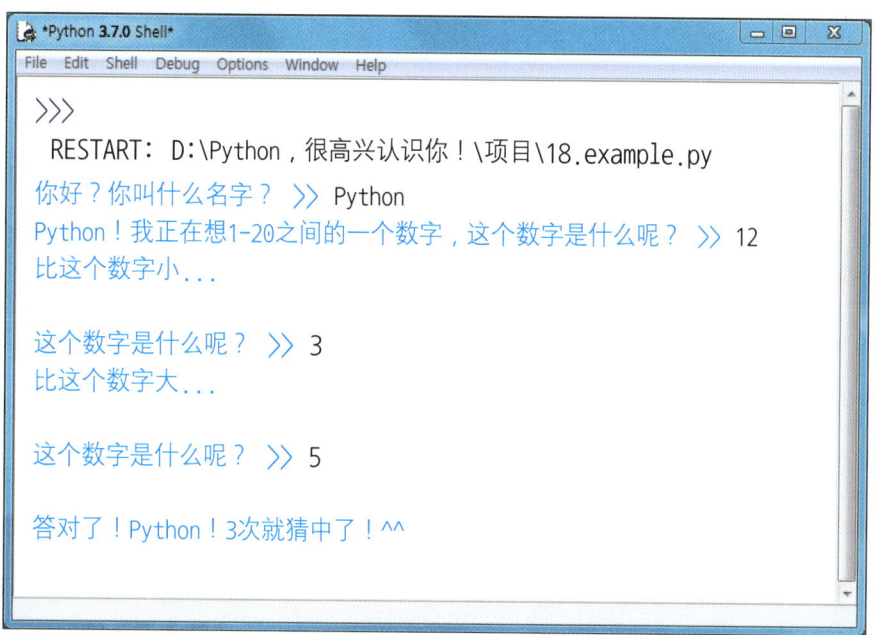

提示

● 计算机在 1～20 的值内随机选择任意值，用户输入猜测数字后，告知比较结果。

```python
my_name = input('你好？你叫什么名字？>> ')

number = random.randint(1, 20)
print('%s!，我正在想1-20之间的一个数字，这个数字是什么呢？' % my_name)
```

● 通过比较结果，进行在 6 次之内猜中数字的游戏。

```python
if your_guess < number:
    print('比这个数字大...\n')

if your_guess > number:
    print('比这个数字小...\n')

if your_guess == number:
    game_heart += 1
    print('\n回答正确！%s!%d次就猜对了!^^'%
(my_name,game_heart))
    break
```

数字棒球游戏

学什么?

- 在列表内增加元素的方法
- 两次使用重复句以比较两个列表内的值
- 以格式化 (formatting) 方式简便处理输出的方法

完成作品预览

想和计算机一起做数字棒球游戏吗? 将计算机随机生成的 3 个数字与用户输入的 3 个数字进行比较。若数值的值与位置相同则是好球,若数字值相同、位置不同则为坏球,直到产生 3 个好球为止。请尝试制作这样的游戏吧。

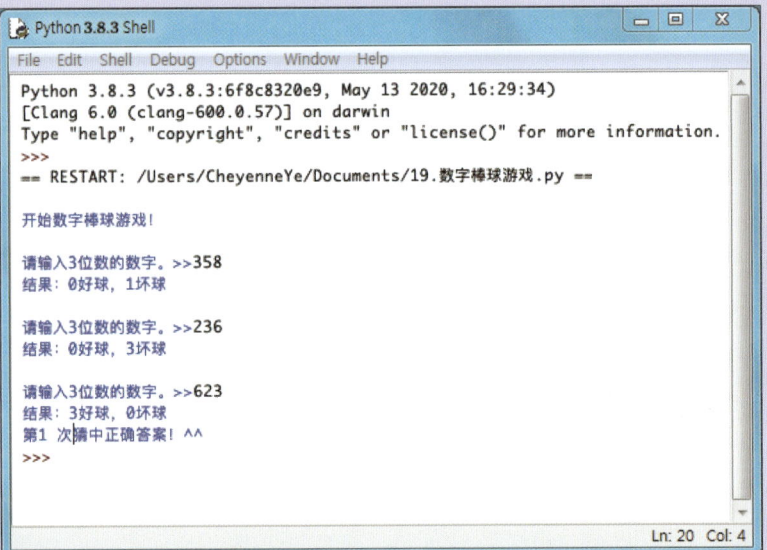

```
Python 3.8.3 Shell

File  Edit  Shell  Debug  Options  Window  Help

Python 3.8.3 (v3.8.3:6f8c8320e9, May 13 2020, 16:29:34)
[Clang 6.0 (clang-600.0.57)] on darwin
Type "help", "copyright", "credits" or "license()" for more information.
>>>
== RESTART: /Users/CheyenneYe/Documents/19.数字棒球游戏.py ==

开始数字棒球游戏!

请输入3位数的数字。>>358
结果: 0好球, 1坏球

请输入3位数的数字。>>236
结果: 0好球, 3坏球

请输入3位数的数字。>>623
结果: 3好球, 0坏球
第1 次猜中正确答案! ^^
>>>
                                                      Ln: 20  Col: 4
```

了解要学习的项目

要学习的项目	说明
增加列表元素	使用 append( ) 函数可以在列表内增加元素。insert( ) 可以在特定位置增加元素。
双重重复句	在重复句 (for) 之内设置双重重复句,可以同时比较列表的位置值。
输出格式	使用 %d、%s 等输出格式,可以简明地表现复杂的输出语句。以格式化形式进行简便的输出。

 **跟我来编程**

请按照以下顺序尝试进行文本编程吧。 ▶▶▶

1 **打开新文件**

– 在 IDLE 编辑器菜单内选择 [File → New File]。

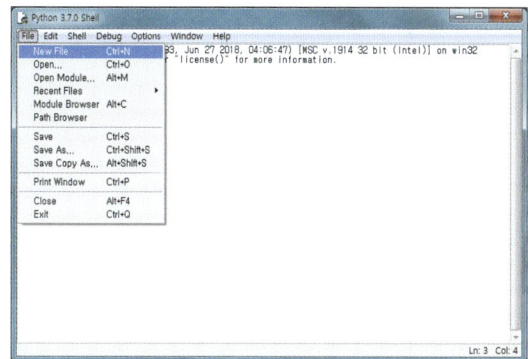

– 在 IDLE 编辑器内打开非 prompt 窗口的新窗口，在此开始 Python 编程。

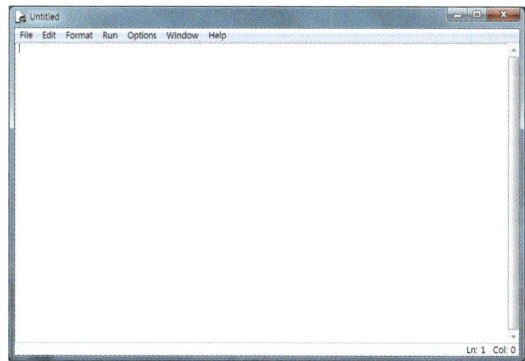

2 **构建故事**

使用背景、对象、故事进程、输入信息、输出信息等进行故事整体进程的构建。

 提示

背景：用户与计算机之间的数字棒球游戏。
故事进程：完成构建含有计算机随机生成的 3 个数字的列表后，与用户选择的三个元素的值与位置进行比较。
输入信息：用户选择的 3 个数字的值。
输出信息：数字棒球游戏的胜负结果。

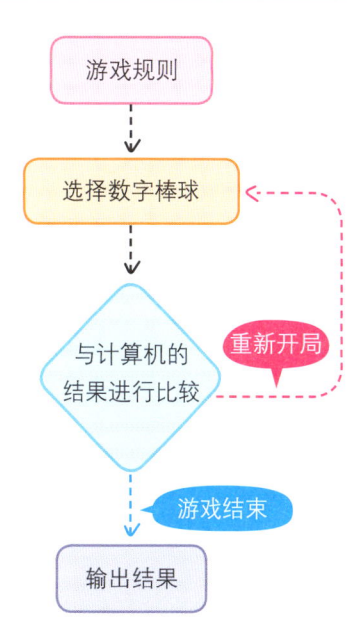

3 ▶ 选择模块

❶ 第 1 行：以注释形式介绍程序

❷ 插入随机（random）模块以使用其功能。

将内置模块复制（copy）到程序中以获得随机功能。

```
1  # 19. 数字棒球游戏
2
3  import  random
```

4 ▶ 介绍游戏

❶ 第 5 行：构建由随机选择、各不相同的 3 个值组成的列表。

● 无退还抽样是指被选中过一次的值无法被选中第二次，结果全部为不同的元素。
● 使用注释形式添加简单的说明。

```
4
5  numbers = []      # 选择数字列表
6  try_cnt = 0       # 尝试次数
7  strike_cnt = 0    # 好球次数
8  ball_cnt = 0      # 坏球次数
9
```

❷ 第 6 行：将存储数字棒球游戏尝试次数的变量 try_cnt 初始化为 0.

❸ 第 7 行：将两列表中的元素一致的情况定义为好球，并将存储其个数的变量 strike_cnt 初始化为 0。

❹ 第 8 行：将两列表中的元素不一致的情况定义为坏球，并将存储其个数的变量 ball_cnt 初始化为 0。

5 生成随机数字列表

❶ 第 11 行：构建重复 3 次的 for 重复句。

❷ 第 12 行：在 1～9 之间的整数中随机选择数字。

❸ 第 13～14 行：构建被选择的数字无法被重复选择的函数。如果数字被重复选择，则重新提取数字，进行无退还抽样。

❹ 第 16 行：将提取的整数添加在列表 numbers 内。

```
10
11  for  k in range(3):
12      number = random.randint(1,9)
13      while number in numbers:
14          number = random.randint(1,9)
15
16      numbers.append(number)
17
```

6 宣布数字棒球游戏的开始

❶ 第 18 行：输出以无退还抽样构成的 number 列表内的值并进行调试。

```
18  # print(numbers)
19
20  print('数字棒球游戏开始！')
21
```

> **Tip**
> ● 调试（debug）是为核对预计的值或状态而输出变量的值，对其进行错误查找的行为。
> ● 尽管将 print（numbers）以注释形式进行了标记，但在完成所有代码后，请删除注释并运行。

❷ 第 20 行：输出并宣布数字棒球游戏开始。

7 进行游戏

❶ 第 23 行：在出现 3 次好球之前持续进行数字推测游戏。

❷ 第 24 行：获得用户输入的 3 位数字，并赋值至变量 num 内。

❸ 第 26 ~ 27 行：将好球的判定次数与坏球的判定次数初始化为 0。

❹ 第 29 ~ 30 行：使用双重重复句，将用户选择的数字以及计算机选择的数字的位置与值进行比较。

> 使用 input( ) 等获取用户输入的值，即使值为数字，也视为字符串。

❺ 第 31 ~ 34 行：将用户选择的值与计算机选择的值以及位置进行比较，如果全部相同，则判定为"好球"，如果值相同但位置不同，则判定为"坏球"，并在该变量中反映。

❻ 第 36 ~ 37 行：输出好球与坏球的次数，并计算尝试次数。

```
22
23  while strike_cnt < 3:
24      num = input('\n请输入3位数的数字。>> ')
25
26      strike_cnt = 0
27      ball_cnt = 0
28
29      for i in range(3):
30          for j in range(3):
                if num[i] == str(numbers[j])
31              and i == j:
32                  strike_cnt += 1
                elif num[i] == str(numbers[j])
33              and i != j:
34                  ball_cnt += 1
35
36      print('结果：%d 好球 , %d 坏球' %
        (strike_cnt, ball_cnt))
37      try_cnt += 1
38
```

8 终止游戏

第 41 行：输出猜数字尝试次数，使用户能在多人游戏中分出胜负。

> 在数字棒球游戏中，结束游戏前尝试次数最少的人获胜。

```
39
40
41  print('第 %d 次猜中正确答案！^^' % try_cnt)
42
```

9 确认结果

❶ 在菜单中选择 [File → Save] 或者在键盘上同时按下 Ctrl + S 键，存储文件。存储文件名为 "19. baseball.py"。

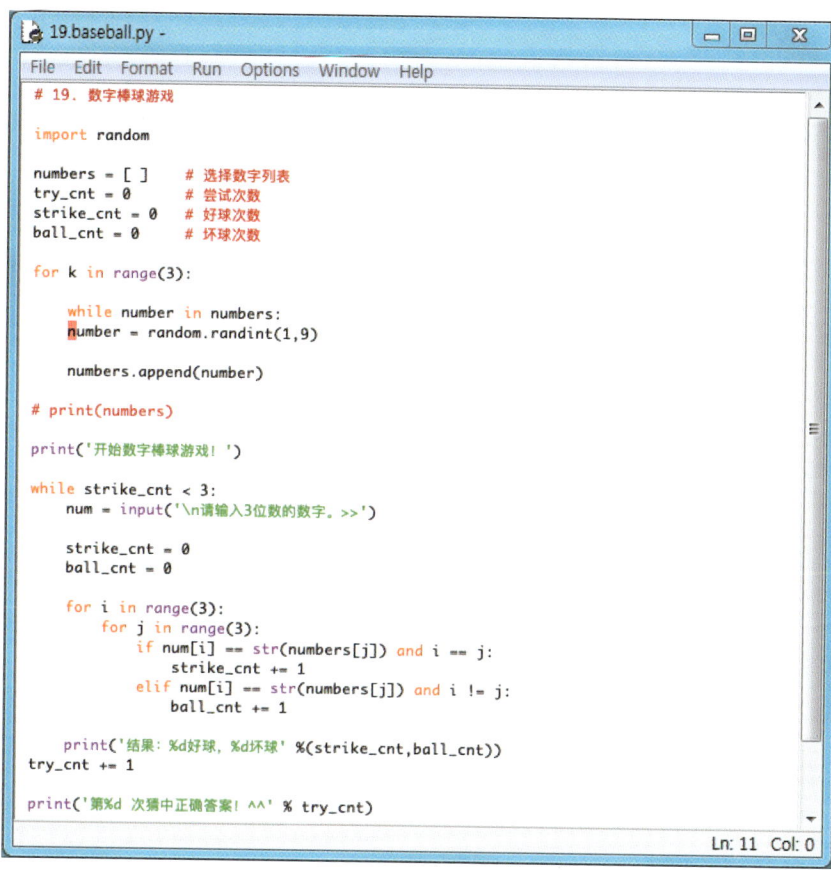

❷ 在菜单内选择 [Run → Run Module] 或者在键盘上按下 F5 键。

❸ 数字棒球游戏开始。

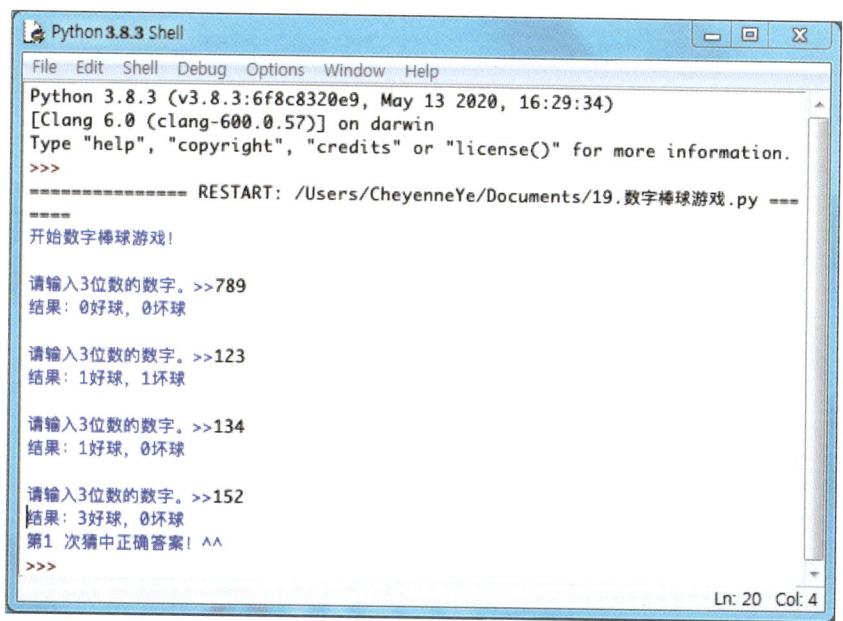

以下是本小节"19.数字棒球游戏"的所有代码。

请核对作品内使用的所有代码。

```
# 19. 数字棒球游戏

import   random

numbers = []        # 选择数字列表
try_cnt = 0         # 尝试次数
strike_cnt = 0      # 好球次数
ball_cnt = 0        # 坏球次数

for k in range(3):
    number = random.randint(1,9)
    while number in numbers:
    number = random.randint(1,9)

    numbers.append(number)

# print(numbers)

print('数字棒球游戏开始！')

while strike_cnt < 3:
    num = input('\n请输入3位数的数字。>> ')

    strike_cnt = 0
    ball_cnt = 0

    for i in range(3):
        for j in range(3):
            if num[i] == str(numbers[j]) and i == j:
                strike_cnt += 1
            elif num[i] == str(numbers[j]) and i != j:
                ball_cnt += 1

    print('结果：%d 好球，%d 坏球' % (strike_cnt, ball_cnt))
try_cnt += 1

print('第 %d 次猜中正确答案！^^' % try_cnt)
```

挑战习题

正确答案：第176页 ▶▶▶

你的身边有购买彩票的朋友吗？彩票是指通过抽签等方式对中奖的彩票进行奖励的模式。我们也来试着抽彩票吧。

问题

请使用非彩票式抽取法制作抽取幸运彩券的游戏。

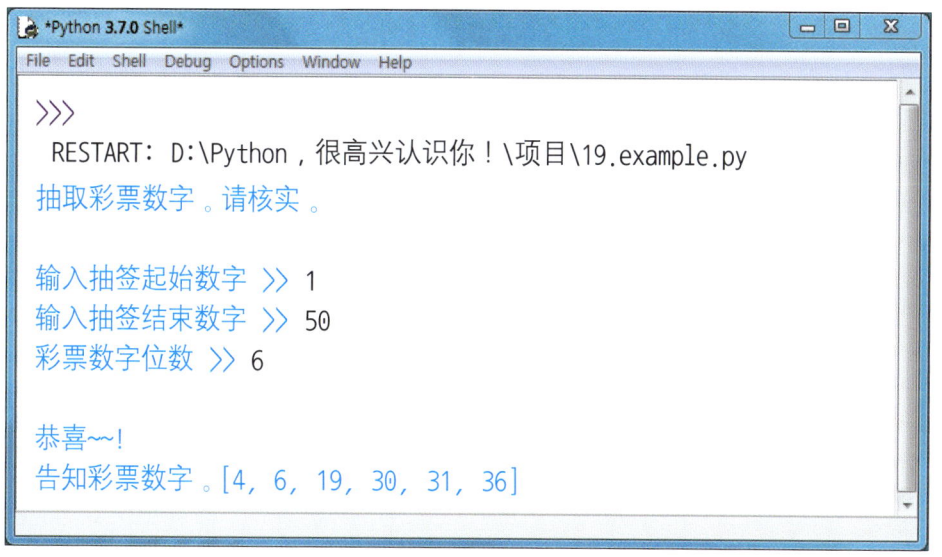

提示

● 使用无退还抽样法，编写选择彩票数字的代码。此外，被选择的彩票数字要以值从小到大的顺序排列。

```python
def lucky_draw(start=1, end=50, amount=5):

    lucky_numbers = []

    for i in range(amount):
        number = random.randint(start,end)
```

● 编写使得用户可以输入起始号码、终止号码以及彩票数字位数的代码。可以在多种情况下使用。

```python
print('抽取幸运号码。请核对您的彩票。Wn')
start = int(input('输入起始数字 >> '))
end = int(input('输入结束数字 >> '))
amount = int(input('彩票数字位数 >> '))
```

操纵乌龟

学什么？

- 将一个功能编写为一个函数
- 在 turtle 模块中使用键盘让乌龟移动
- 随机调用函数，表现多种移动方式

完成作品预览

让我们用乌龟自由地画画吧。代码越长越复杂，就需要将它编写得越容易理解。请与朋友一起插入 turtle 模块，试着用键盘让乌龟动起来吧。

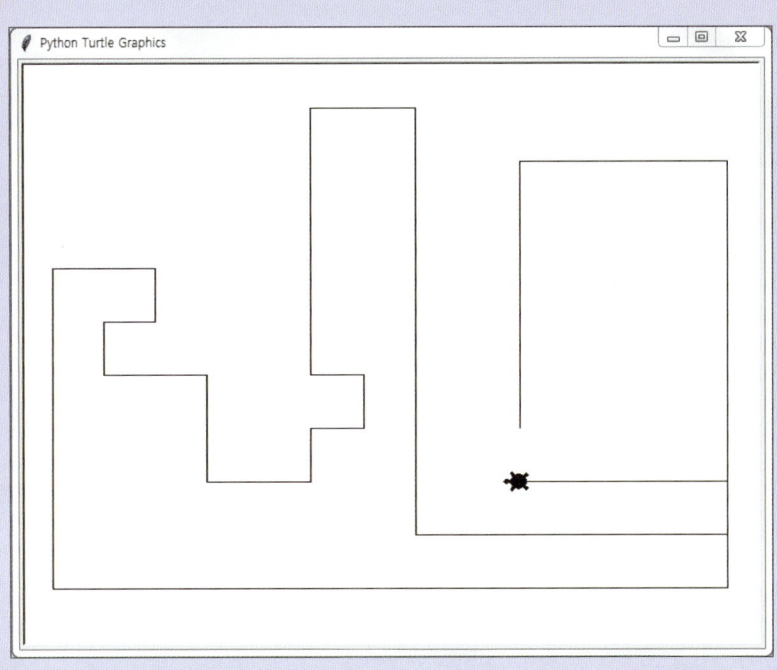

了解要学习的项目

要学习的项目	说明
代码了解程度	当代码的内容很长或者很多时，代码的可读性与可理解性会随之下降，解读时间变长，发生错误的可能性变大。如果用一个函数去表现一个功能，则可提高代码的可读性与可理解性。
键盘事件	让我们配置 turtle 模块提供的键盘事件，打造游戏厅的游戏环境吧。
随机指令	随机调用指令，生成有趣画面。

 跟我来编程

请按照以下顺序尝试进行文本编程吧。 ▶▶▶

1 打开新文件

❶ 在 IDLE 编辑器菜单内选择 [File → New File]。

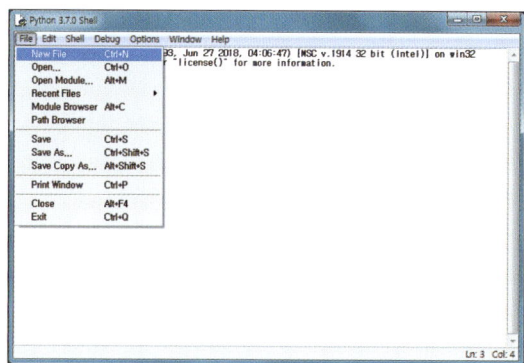

❷ 在 IDLE 编辑器内打开非 prompt 窗口的新窗口，在此开始 Python 编程。

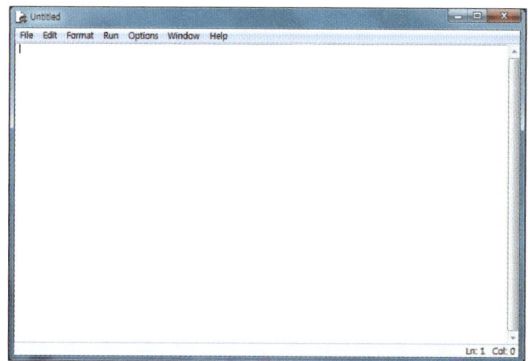

2 构建故事

使用背景、对象、故事进程、输入信息、输出信息等进行故事整体进程的构建。

 提示

背景：用户与计算机之间的键盘互动。
故事进程：灵活运用 turtle 模块内提供的键盘事件，控制乌龟的行动。
输入信息：用户在键盘内输入的选择。
输出信息：控制乌龟的活动。

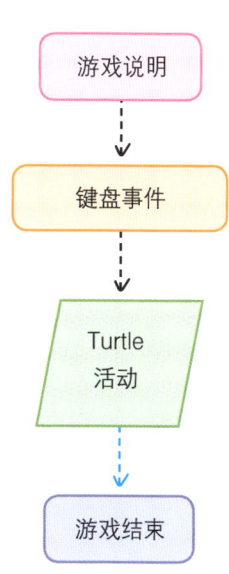

游戏说明

键盘事件

Turtle
活动

游戏结束

3 选择模块

❶ 第 1 行：以注释形式介绍程序。

❷ 第 3 行：插入随机（random）模块。

❸ 第 4 行：在 turtle 模块中，选择需要的部分功能进行插入。

❹ 第 6 行：生成类 Turtle，并进行初始化。

Tip 一种回收代码的形式，由代表特定功能的变量与函数组成。将类名称的首字母大写，以便与函数区分。

```python
1  # 20. 操纵乌龟
2
3  import random
4  from turtle import Turtle
5
6  t = Turtle()
```

4 定义函数 right（）

❶ 第 8 行：定义函数 right（）。

Tip 调用键为键盘的 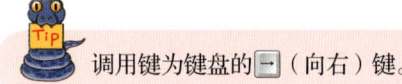（向右）键。

❷ 第 9～11 行：当乌龟的头部方向不朝右时，将方向更改为朝右，并移动 50。

❸ 第 12～13 行：当乌龟的头部方向朝右时，移动 50。

```python
7
8  def  right():
9      if not (t.heading() == 0):
10         t.setheading(0)
11         t.forward(50)
12     else:
13         t.forward(50)
14
```

5 定义函数 up（）

❶ 第 16 行：定义函数 up（）。

Tip 调用键为键盘的 （向上）键。

❷ 第 17～19 行：当乌龟的头部方向不朝上时，将方向更改为朝上，并移动 50。

❸ 第 20～21 行：当乌龟的头部方向朝上时，移动 50。

```python
15
16 def  up():
17     if not (t.heading() == 90):
18         t.setheading(90)
19         t.forward(50)
20     else:
21         t.forward(50)
22
```

6 定义函数 left ( )

❶ 第 24 行：定义函数 left ( )。

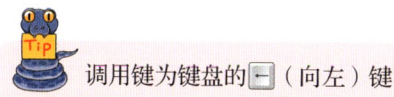

调用键为键盘的 ← （向左）键。

❷ 第 25~27 行：当乌龟的头部方向不朝左时，将方向更改为朝左，并移动 50。

❸ 第 28~29 行：当乌龟的头部方向朝左时，移动 50。

```
23
24  def  left():
25      if not  (t.heading() == 180):
26          t.setheading(180)
27          t.forward(50)
28      else:
29          t.forward(50)
30
```

7 定义函数 down( )

❶ 第 32 行：定义函数 down( )。

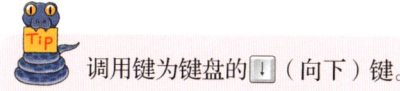

调用键为键盘的 ↓ （向下）键。

❷ 第 33~35 行：当乌龟的头部方向不朝下时，将方向更改为朝下，并移动 50。

❸ 第 36~37 行：当乌龟的头部方向朝下时，移动 50。

```
31
32  def  down():
33      if not  (t.heading() == 270):
34          t.setheading(270)
35          t.forward(50)
36      else:
37          t.forward(50)
38
```

8 定义函数 undo_button( )

❶ 第 40 行：定义函数 undo_button( )。

调用键为键盘的 Esc 键。

❷ 第 41 行：调用 turtle 模型提供的 undo( ) 函数。调用前将正在执行的指令取消，回到执行前的状态。

```
39
40  def  undo_button():
41          t.undo()
42
```

9 ▶ 定义函数 random_drawing( )

❶ 第 44 行：定义函数 random_drawing( )。

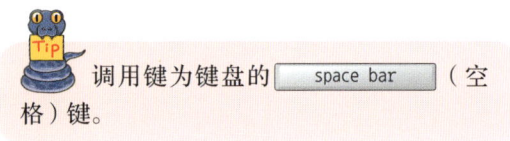
调用键为键盘的 <space bar> （空格）键。

❷ 第 45 行：运行随机指令 100 次。

❸ 第 46 行：随机选择函数 up、down、right、left、undo，赋值至变量 choice。

❹ 第 47~56 行：调用命令，以对分配给变量 choice 的值执行命令。

```
43
44  def  random_drawing():
45      for x in range(100):
46          choice = random.choice(['up','down','rig
               ht','left','undo'])
47          if choice == 'up':
48              up()
49          elif choice == 'down':
50              down()
51          elif choice == 'right':
52              right()
53          elif choice == 'left':
54              left()
55          elif choice == 'undo':
56              undo_button()
57
```

10 ▶ 定义函数 keyboard_commands( )

❶ 第 59 行：定义函数 keyboard_commands( )。

❷ 第 60 行：将画图中的笔刷基本值设定为 turtle。

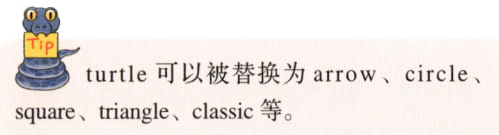
turtle 可以被替换为 arrow、circle、square、triangle、classic 等。

❸ 第 61~66 行：为预定义的函数设置快捷键。

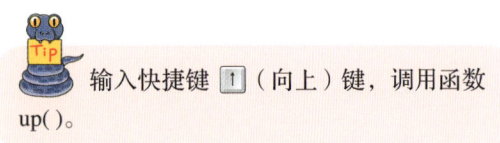
输入快捷键 ↑（向上）键，调用函数 up( )。

❹ 第 67 行：准备接收键盘事件。

```
58
59  def  keyboard_commands():
60      t.shape('turtle')
61      t.screen.onkey(up,'Up')
62      t.screen.onkey(down,'Down')
63      t.screen.onkey(right,'Right')
64      t.screen.onkey(left,'Left')
65      t.screen.onkey(undo_button,'Escape')
66      t.screen.onkey(random_drawing,'space')
67      t.screen.listen()
68
```

11 运行程序

❶ 第 70 行：设置运行程序时展示的画板题目。

❷ 第 71 行：运行 keyboard_commands( )，准备接收键盘事件。

❸ 第 74 行：开始 turtle 模块功能。

```
69
70  t.screen.title('20. 操纵乌龟')
71  keyboard_commands()
72
73
74  t.screen.mainloop()
75
```

12 确认结果

❶ 在菜单内选择 [File → Save] 或者在键盘上同时按下 Ctrl + S 键，存储文件。储存文件名为"20. turtle-keyboard.py"。

❷ 在菜单内选择 [Run → Run Module] 或者在键盘上按下 F5 键，运行文件。

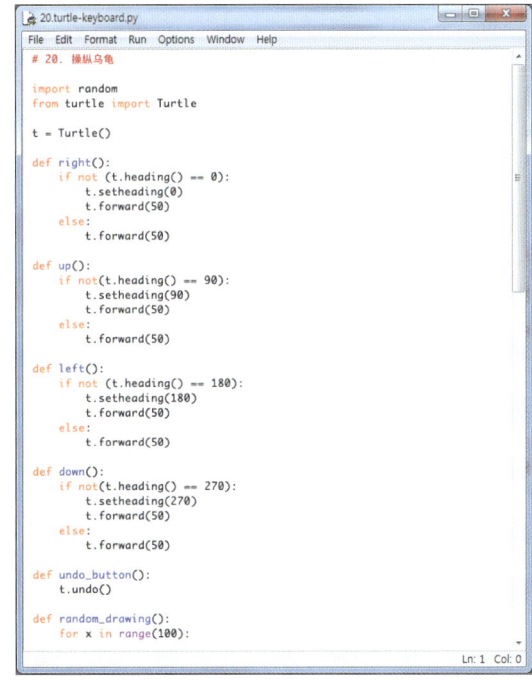

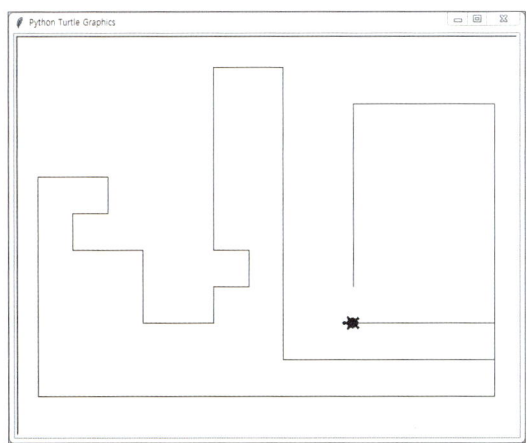

确认所有代码

以下是本小节"20. 操纵乌龟"的所有代码。

请核对作品内使用的所有代码。

```
# 20. 操纵乌龟

import random
from turtle import Turtle

t = Turtle()

def right():
    if not (t.heading() == 0):
        t.setheading(0)
        t.forward(50)
    else:
        t.forward(50)


def up():
    if not(t.heading() == 90):
        t.setheading(90)
        t.forward(50)
    else:
        t.forward(50)


def left():
    if not (t.heading() == 180):
        t.setheading(180)
        t.forward(50)
    else:
        t.forward(50)


def down():
    if not(t.heading() == 270):
        t.setheading(270)
        t.forward(50)
    else:
        t.forward(50)

def undo_button():
    t.undo()


def random_drawing():
    for x in range(100):
        choice = random.choice(['up','down','right','left',
        'undo'])
        if choice == 'up':
            up()
        elif choice == 'down':
            down()
        elif choice == 'right':
            right()
        elif choice == 'left':
            left()
        elif choice == 'undo':
            undo_button()


def keyboard_commands():
    t.shape('turtle')
    t.screen.onkey(up,'Up')
    t.screen.onkey(down,'Down')
    t.screen.onkey(right,'Right')
    t.screen.onkey(left,'Left')
    t.screen.onkey(undo_button,'Escape')
    t.screen.onkey(random_drawing,'space')
    t.screen.listen()


t.screen.title('20. 操纵乌龟')
keyboard_commands()


t.screen.mainloop()
```

挑战习题

正确答案：第177页 ▶▶▶

使用 turtle 模块的键盘事件画一个圆（circle）。

 **问题**

使用键盘上的 ⬆ 、⬇ 键，尝试让乌龟每次旋转 30° 以绘制圆的半径。

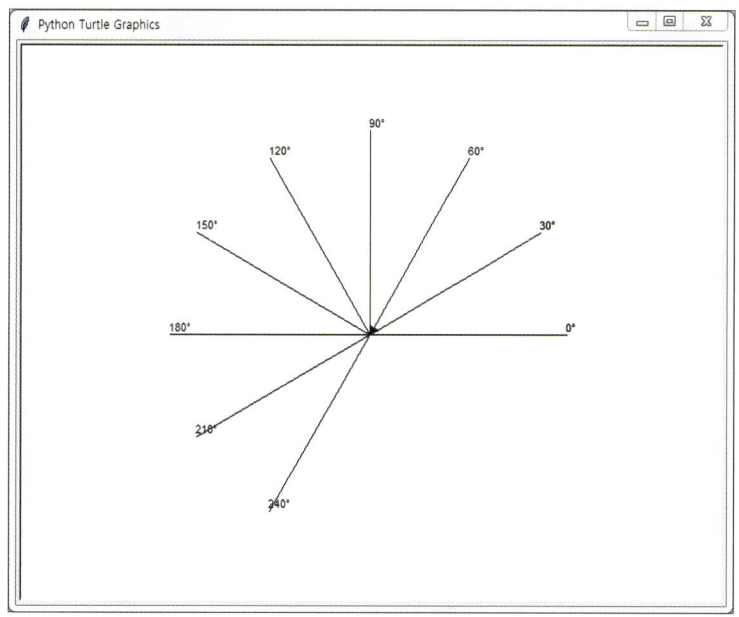

提示

● 创建一个单击键盘上的 ⬆ ⬇ 方向键就会旋转 30° 绘制圆的半径的函数。使用 global 关键词，使得全局变量可运用于函数。

● 输入键盘上的 `space bar` 键，生成将函数 graduator( ) 执行的内容取消的函数 reset_button( )。

```python
def graduator(angle):
    global my_angle
    if my_angle == None:
        my_angle = 0
        t.setheading(0)
        t.forward(200)
        t.write(str(0) + '°')
        t.backward(200)
        return
    my_angle += angle
    my_angle %= 360
    t.setheading(my_angle)
    t.forward(200)
    t.write(str(my_angle) + '°')
    t.backward(200)
```

附录

- 习题答案

- Python用语与要点整理

- 使用Visual studio code

- Entry语言说明

附录

📄 文件名：5.制作花朵_习题.ent

说明	代码

❶ 从开始模块的 [▶点击开始按钮时] 组件开始编写代码。

❷ 将笔刷模块的 [图章] 模块替换为进程模块中的 [复制] 模块。

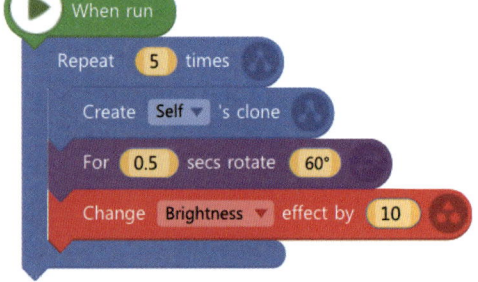

❸ 制作副本时，灵活运用笔刷模块中的 [图章] 模块以及进程模块中的 [初次生成副本时] 等模块，可以编写出各种代码。

💡Tip

[图章] 模块只复制外形，[初次生成副本时] 等模块不光复制外形，还能调整功能与动作。

❹ 在菜单内选择更改模式，将其更改为 Entry Python 模式。浏览文本编码，将其与之前的模块编码相对比。

```python
1  # Pink Petal's python code
2
3  import Entry
4
5  def when_start():
6      for i in range(5):
7          Entry.make_clone_of("self")
8          Entry.add_rotation_for_sec(60, 0.5)
9          Entry.add_effect("brightness", 10)
```

❺ 在菜单内选择更改模式，将其更改为 Entry Python 模式。浏览文本编码，将其与之前的模块编码相对比。在英语字典内查找 stamp 与 clone 并进行比较。

💡Tip

stamp 可制造外表相同的图章，而 clone 不光可以模仿外表，也能够复制功能等部分。

```
def when_make_clone():

Entry.make_clone_of( "self" )

Entry.remove_this_clone()

Entry.remove_all_clone()
```

第6天　瓢虫的爬行轨迹　第35页

习题答案

文件名：6.瓢虫的爬行轨迹_习题.ent

说明	代码

❶ 从开始模块的 [▶点击开始按钮时] 组件开始编写代码。

```
When run
Rotate  Random number between  0  and  360
Change direction by  0°
Repeat infinitely
    Move  5  forward
    If  touching  Wall ▼  ?  then
        Move  -10  forward
        Rotate  Random number between  120  and  150
```

❷ 设置 [瓢虫（1）] 的外表与移动方向。[瓢虫（1）] 持续移动碰触墙壁时，调转方向以使得瓢虫不离开舞台范围。

❸ 使用计算附录中的 [从 ~ 到 ~ 之间的随机数] 附录，在输入的区间内指定随机数字。

```
When run
Set scale to  80
Start drawing
Set brush color to  ☐
Change thickness by  20
Repeat infinitely
    If  Rest ▼  of  Ladybug(1) ▼  's  direction ▼  / 2  = 0  then
        Change transparency by  Random number between  20  and  80  %
```

❹ 在其余的运算过程内添加随机性，为持续制造随机数，将进程模块中的 [持续重复] 模块进行打包。

> **Tip**
> 举个例子，"某个数字 /3" 其余的结果是 "0、1、2" 其中之一。若只有在值为结果的情况下运行程序，则有 33.3% 的概率可以运行程序。

❺ 在菜单内选择更改模式，将其更改为 Entry Python 模式。浏览文本编码，将其与之前的模块编码相对比。

```python
1   # Ladybug(1)'s python code
2
3   import Entry
4
5   def when_start():
6       Entry.add_rotation(random.randint(0, 360))
7       Entry.add_direction(0)
8       while True:
9           Entry.move_to_direction(5)
10          if Entry.is_touched("edge"):
11              Entry.move_to_direction(-10)
12              Entry.add_rotation(random.randint(120, 150))
13
14  def when_start():
15      Entry.set_size(80)
16      Entry.start_drawing()
17      Entry.set_brush_color_to("#FFFFFF")
18      Entry.add_brush_size(20)
19      while True:
20          if ((Entry.value_of_object("Ladybug(1)", "direction") % 2) == 0):
21              Entry.set_brush_transparency(random.randint(20, 80))
```

文件名：7.加法问答_习题.ent

说明	代码

❶ 从开始模块的 [▶点击开始按钮时] 组件开始编写代码。

❷ 编写加法问答。在出现正确答案之前持续重复请求，出现正确答案后终止重复请求。

> **Tip**
> 在重复句模块内部加入比较条件句，在条件为真（True）时，在进程模块的 [停止所有进程] 模块停止运行代码。

```
When run
Set 第一个数 to Random number between 10 and 19
Set 第二个数 to Random number between 10 and 19
Ask 两数相加等于多少？ and wait
Repeat infinitely
    If response = Value of 第一个数 + Value of 第二个数 then
        Say 回答正确，^^ Speak
        Stop All objects
    else
        Say 回答错误，ＴＴ Speak
        Wait 1 seconds
        Ask 请思考后重新作答。 and wait
```

❸ 在菜单内选择更改模式，将其更改为 Entry Python 模式。浏览文本编码，将其与之前的模块编码相对比。

❹ 重复句 while 是在比较值为真时运行重复句的。

> **Tip**
> 这时，将比较值设置为真（True），运行进程模块的 [持续重复] 进程。

❺ 如果答案正确，则下达 Entry.stop_code（"all"）指令，停止所有代码的运行。

❻ 如果答案错误，则通过 Entry.input（）指令，从用户处重新获取答案。

```python
1  # Teacher(1)'s python code
2
3  import Entry
4
5  第二个数 = 0
6  第一个数 = 0
7
8  def when_start():
9      第一个数 = random.randint(10, 19)
10     第二个数 = random.randint(10, 19)
11     Entry.input("两数相加等于多少？")
12     while True:
13         if (Entry.answer() == (第一个数 + 第二个数)):
14             Entry.print("回答正确。^^")
15             Entry.stop_code("all")
16         else:
17             Entry.print("回答错误。ＴＴ")
18             Entry.wait_for_sec(1)
19             Entry.input("请思考后重新输入。")
```

📄 文件名：8.日程管理小程序_习题.ent

说明	代码

❶ 从开始模块的 [▶点击开始按钮时] 组件开始编写代码。

❷ 在文本框模块中使用 [~ 写道][~ 在后方写道] 模块，生成加法问答题。

 Tip

● 增加变量，使得用户输入的值可以编写问题。
● 在文本框模块 [~ 写道][~ 在后方写道] 模块之间插入进程模块中的 [等待 ~ 秒] 模块，可以制造文字被写出来的效果。

When run
Set 第一个数 to Random number between 10 and 19
Set 第二个数 to Random number between 10 and 19
Writing that Value of 第一个数 가
Wait 0.5 seconds
After writing that + 가
Wait 0.5 seconds
After writing that Value of 第二个数 가
Wait 0.5 seconds
After writing that = ? 가
Ask 两数相加等于多少？ and wait
Repeat infinitely
If response = Value of 第一个数 + Value of 第一个数 then
Say 回答正确。^^ Speak
Stop All objects
else
Say 回答错误。ＴＴ Speak
Wait 1 seconds
Ask 请思考后重新作答。 and wait

❸ 使用计算模块中的 [10+10] 模块，生成文本框模块。

Writing that Value of 第一个数 + + + Value of 第二个数 + = ? 가

❹ 在菜单内选择更改模式，将其更改为 Entry Python 模式。浏览文本编码，将其与之前的模块编码相对比。

```python
1  # Textbox's python code
2
3  import Entry
4
5  第一个数 = 0
6  第二个数 = 0
7
8  def when_start():
9      第一个数 = random.randint(10, 19)
10     第二个数 = random.randint(10, 19)
11     Entry.write_text(第一个数)
12     Entry.wait_for_sec(0.5)
13     Entry.append_text("+")
14     Entry.wait_for_sec(0.5)
15     Entry.append_text(第二个数)
16     Entry.wait_for_sec(0.5)
17     Entry.append_text("=?")
18     Entry.input("两数相加等于多少？")
19     while True:
20         if (Entry.answer() == (第一个数 + 第二个数)):
21             Entry.print("回答正确。^^")
22             Entry.stop_code("all")
23         else:
24             Entry.print("回答错误。ＴＴ")
25             Entry.wait_for_sec(1)
26             Entry.input("请思考后重新输入。")
27
28  Entry.write_text((第一个数 + ("+" + (第二个数 + "=?"))))
```

📄 文件名：10.example1.py

说明	代码

若要将跨越多行的长句子表示为字符串，将使用3个连续的引号。

> **Tip** 单引号与双引号均可使用。可用''' '文字内容~~' '''或者"""文字内容~~"""形式输入。

```
1   poem = '''
2   花_金春秋
3
4   在我呼唤他的名字之前
5   他不过是
6   一个动作 。
7
8   在我呼唤他的名字之时 ，
9   他来到我面前
10  变成了一朵花 。'''
11
12  print(poem)
```

📄 文件名：10.example2.py

说明	代码

运算有优先顺序。了解优先顺序后才能编写运算式。

> **Tip**
> ● 从左至右进行运算。
> ● "乘法（＊）"与"除法（/）"比"加法（＋）"与"减法（－）"优先进行运算。
> ● 有括号存在时，括号内的运算式优先进行运算。

```
1   print('5 + 20 * 10 = ', 5 + 20 * 10)
2   print('(5 + 20) * 10 = ', (5 + 20) * 10)
3   print('((5 + 20) * 10) / 10 = ', ((5 + 20) *
    10) / 10)
4   print('(3 - 1) * 2 + (2 * 3) / 2 = ', (3 - 1)
    * 2 + (2 * 3) / 2)
```

📄 文件名：10.example3.py

说明	代码

❶ 使用 input( ) 函数，编写获得用户输入的姓名的代码。

> **Tip**
> ● 获得用户输入的姓名，并分配至 your_name 变量。
> ● 作为分配运算符，首先执行"="右边的结果，然后将其分配至"="左边。

```
1   your_name = input('请输入姓名 。>> ')
2
3   print('您好！' + your_name + '先生/女士')
```

❷ 使用 "＋" 符号以串联字符串。

📄 文件名：11.example1.py

说明	代码
❶ 字符串可以被看作列表。 🐍 **Tip** phone[:3] 的含义是，调取分配到变量 phone 的字符串的第 1~3 个字符。 ❷ 以字符串的"–"为基准，生成列表。 🐍 **Tip** 由于有 2 个"–"，因此生成有 3 个元素的列表。此时，与"–"相同的符号被称为"分隔符（delimiter）"。	```1 phone = '010-1234-5678'\n2\n3 print(phone[:3])\n4\n5 phone_list = phone.split('-')\n6 print(phone_list)\n7 print('区号' + phone_list[0])\n8 print('前四位数字' + phone_list[1])\n9 print('后四位数字' + phone_list[2])```

📄 文件名：11.example2.py

说明	代码
使用列表中的 reverse() 函数，将列表内的元素位置按倒序排列。 🐍 **Tip** 若为 [1,3,5,4,2]，则按照 [2,4,5,3,1] 排列。	```1 basket = [1,2,3,4,5]\n2\n3 basket.reverse()\n4\n5 print(basket)```

📄 文件名：11.example3.py

说明	代码
由将元素的位置使用字符串表示的字典生成。 🐍 **Tip** 列表与字典表示元素位置的方式是不同的。列表是由从 0 开始的连续序列号表示，而字典则由字符串表示。举例来说，就像学校班级是 1 班、2 班与月亮班、太阳班。	```1 score = {\n2 '语文':85,\n3 '英语':90,\n4 '数学':80,\n5 '编程':98\n6 }\n7\n8 print('编程分数是', score['编程'])```

文件名：12.example1.py

说明	代码

❶ 第 1～3 行：插入 turtle 模块，使其可以使用 Pen 功能。

❷ 第 6～11 行：将笔刷的位置向左移动 50、向右移动 50，并设定笔刷的粗细与颜色。

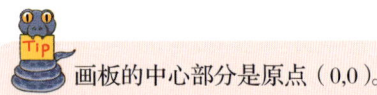

Tip 画板的中心部分是原点（0,0）。

❸ 第 13～25 行：在画板上下笔。设定一边的长度为 100，完成一侧的绘制之后，将方向更改 90°，以便继续绘制四边形。

```python
1   import turtle
2
3   pet = turtle.Pen()
4
5
6   pet.penup()
7
8   pet.goto(-50, 50)
9
10  pet.pensize(10)
11  pet.pencolor('orange')
12
13  pet.pendown()
14
15  pet.forward(100)
16  pet.right(90)
17
18  pet.forward(100)
19  pet.right(90)
20
21  pet.forward(100)
22  pet.right(90)
23
24  pet.forward(100)
25  pet.right(90)
```

文件名：12.example2.py

说明	代码

❶ 第 1～3 行：插入 turtle 模块，使其可以使用 Pen 功能。

❷ 第 5～7 行：在之前画出的图形内填涂紫色（pruple）。

❸ 第 9 行：将半径为 100 像素的圆画 180°。

❹ 第 11 行：在圆内填涂之前存储的紫色。

```python
1   import turtle
2
3   pet = turtle.Pen()
4
5   pet.begin_fill()
6
7   pet.color('purple')
8
9   pet.circle(100,180)
10
11  pet.end_fill()
```

第13天 操作程序的进程 第89页

文件名：13.example1.py

说明	代码

❶ 第1行：获得用户输入的年龄之后，将数据类型更改为整数，分配至变量 age。

❷ 第4行：获得用户输入表示性别的 'y' 或者 'n' 之后，将值分配至变量 gender。

❸ 第6~13行：设定用户输入的年龄（age）与性别（gender）的比较区间。依据用户的信息以判定哥哥、朋友、姐姐、弟弟、妹妹等。

进行比较时，需要考虑好如何比较。

```
1  age = int(input('几岁了 ? - '))
2  gender = input('是男生吗 ? y/n - ')
3
4  if age > 12 and gender == 'y':
5      print('是哥哥。')
6  elif age <= 12 and gender == 'y':
7      print('是朋友或者弟弟。')
8  elif age > 12 and gender != 'y':
9      print('是姐姐。')
10 else:
11     print('是朋友或者妹妹。')
```

文件名：13.example2.py

说明	代码

❶ 第1行：编写从 0 至 9 全部重复 10 次的重复句。

• range（开始, 结束）是从数字的开头到结尾创建一个到结束位置之前数字为止的整数值。
• range（0,10）的含义是［0,1,2,3,4,5,6,7,8,9］，可以使用 range（10）来简单表示。

❷ 第2行：%d 表示数字，其值在变量 step 的值内显示，"字符串 * 数字" 表示字符串的重复。

• %s 表示文字。
• ［'文字'*5］表示该文字重复 5 次。

```
1  for step in range(0, 10):
2      print('(%d)' % step, '^_^;' * step)
```

习题答案 169

第14天 节约代码的编程 第97页

文件名：14.example1.py

说明	代码

❶ 第1~11行：定义函数 check_bmi（）。获得身高（height）与体重（weight）的值作为参数，以此判定 BMI 指数。

> **Tip**
> ● BMI（Body Mass Index）指数（身体质量指数）的计算方式是：体重（kg）/（身高（m）* 身高（m）。具体信息可参考"第11天 数据类型"小节的第75页。
> ● BMI 指数分为偏瘦、正常、超重、肥胖、重度肥胖5个区间。在这里我们只编写除了重度肥胖之外的4个区间。

❷ 第13行：获得用户输入的以厘米（cm）为单位的身高数字之后，将其换算为单位米（m）。分配至变量 height。

❸ 第15行：获得用户输入的以千克（kg）为单位的体重数字，分配至变量 weight。

❹ 第17行：以用户输入的身高与体重为参数，运行函数 check_bmi()，判定得到的值的 BMI 区间后输出结果。

```python
def check_bmi(height, weight):
    bmi = weight / (height * height)

    if bmi >= 30:
    return 'BMI 指数 %f => 肥胖 .' % bmi
    elif bmi >= 25:
    return 'BMI 指数 %f => 超重' % bmi
    elif bmi >= 18.5:
    return 'BMI 指数 %f => 正常' % bmi
else:
    return 'BMI 指数 %f => 偏瘦' % bmi

height = float(input('身高(cm)? (数字) -- '))/100

weight = float(input('体重(kg)? (数字) -- '))

print(check_bmi(height, weight))
```

170 附录

📄 文件名：14.example2.py

说明	代码

❶ 第 1 行：使用 import 关键词，调用 Python 提供的内置模块 random。

❷ 第 3～10 行：随机抽取两个数字，分配至变量 you 与 computer。编写比较两个变量并输出胜负结果的函数 dice_game( )。

❸ 第 13 行：运行函数 dice_game( )。

❹ 第 15～20 行：让用户选择是否继续游戏，以决定继续或是停止游戏。

> Tip
> break 让重复句停止并退出。与其相反，continue 用于停止执行重复句序列并执行下一个循环序列。

```python
1  import random
2
3  def dice_game():
4      you = random.randrange(1,7)
5      computer = random.randrange(1,7)
6
7      if you > computer:
8          print('[胜] - computer %d, you %d' %
               (computer,you))
9      else:
10         print('[负] - computer %d, you %d' %
               (computer,you))
11
12
13 dice_game()
14
15 while True:
16     your_answer = input('是否继续?(y/n) -- ')
17     if your_answer == 'y':
18         dice_game()
19     else:
20         break
```

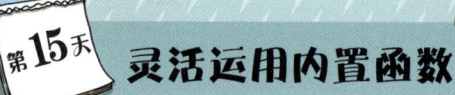

文件名：15.example1.py

说明	代码

❶ 第 1 行：初始化包含列表的变量 mylist。

❷ 第 3 行：持续运行重复句。

❸ 第 4 行：获取用户输入的数字。

❹ 第 6～7 行：若变量 num 被分配数字，则在列表内增加这个值。

> Tip 使用 eval() 将原本的数据类型进行更改。input() 传递的值，即使是数字，也被看作字符串。

❺ 第 8～12 行：若变量 num 未被分配值，则计算列表内值的最大值与总计值后进行输出。使用 break 终止重复句。

```python
1  mylist = []
2
3  while True:
4      num = input('输入数字,输入完成后请输入回车键。-- ')
5
6      if num != '':
7          mylist.append(eval(num))
8      else:
9          my_max = max(mylist)
10         my_sum = sum(mylist)
11         print('最大值 %d, 合计 %d' % (my_max, my_sum))
12         break
```

文件名：15,example2.py

说明	代码

❶ 第 1 行：将使用的文件名分配至变量 file_name 内。

❷ 第 3 行：获得用户想查询九九乘法口诀的数字，分配至变量 num。

❸ 第 5 行：调用文件读写模式。为显示韩文，设定统一码（utf8）。

❹ 第 7～9 行：将分配至变数 num 的数字生成乘法口诀表，并输入文件。

❺ 第 10 行：完成文件录入。

❻ 第 12～13 行：以只读模式打开文件内存储的九九乘法口诀表，并输出至显示画面。

```python
1  file_name = '15.九九乘法表.txt'
2
3  num = int(input('想看哪个数字的九九乘法口诀？(请输入数字。) -- '))
4
5  myfile = open(file_name,'w',encoding='utf8')
6
7  for x in range(1,10):
8      result = num * x
9      myfile.write('%d X %d = %d ₩n' % (num, x, result))
10 myfile.close()
11
12 myfile = open(file_name,'r',encoding='utf8')
13 print(myfile.read())
```

📄 文件名：16.example1.py

说明	代码

❶ 第1行：插入 time 模块与 datetime 模块。

🐍 **Tip** import 关键词后以逗号（,）间隔输入模块名称，则可调用多个模块。

❷ 第3~4行：说明程序运行方式，获取用户输入的起始日期。

❸ 第7~9行：使用 strptime( ) 函数，将用户输入的日期形式由字符串更改为 time 模块中的形式，生成起始日期。

❹ 第10~12行：使用 datetime 模块的 timedelta( ) 函数，计算100天后的日期。

❺ 第14行：输出100天后的日期与星期。

🐍 **Tip** tm_wday 是将周几使用数字表示的函数，周一使用 0 表示。

```python
1  import time, datetime
2
3  print('输出特定日期100天后的日期与星期。')
4  input_date = input('输入起始日期(例. 2018-04-21) - ')
5
6
7  my_date = time.strptime(input_date, '%Y-%m-%d')
8  start_date = datetime.date(my_date.tm_year, my_date.tm_mon, my_date.tm_mday)
9
10 str_end_date = str(start_date + datetime.timedelta(days=100))
11 end_date = time.strptime(str_end_date, '%Y-%m-%d')
12 weekday_list = ('周一','周二','周三','周四','周五','周六','周日')
13
14 print(str_end_date + '('+ weekday_list[end_date.tm_wday] +')')
```

📄 文件名：16.example2.py

说明	代码

❶ 第1行：插入 turtle、sys、random 模块。

❷ 第3~5行：初始化 turtle，使用 sys 模块，获得用户输入的想要画的图形。

❸ 第7行：生成 turtle 笔刷使用颜色的列表。

❹ 第9~13行：使用用户输入的图形重复次数进行绘画。使用随机模块，随机选择笔刷的颜色与大小。

```python
1  import turtle, sys, random
2
3  my_turtle = turtle.Pen()
4  print('想画几边形呢？(请输入数字。) -- ')
5  figure = int(sys.stdin.readline())
6
7  colors = ['red','blue','green','purple','orange']
8
9  for x in range(figure):
10     my_turtle.pencolor(random.choice(colors))
11     my_turtle.pensize(random.randint(2,10))
12     my_turtle.forward(100)
13     my_turtle.left(360/figure)
```

📄 文件名：17.example.py

说明	代码

说明：

❶ 第1行：插入 time、random、csv 模块。

❷ 第2行：将变量 stations 声明为全局变量。

❸ 第3~6行：定义函数 main( )。获取用户输入的目的地站点名称，1秒后调用函数 search_station( )。

> **Tip** 将地铁站点名称字符串与用户输入的目的站点名称作为参数使用。

❹ 第8~28行：定义函数 search_station( )。使用函数 split( ) 制作地铁站名字符串列表，检索地铁站名内是否有用户输入的值。若有类似站点名称，则向用户提问，让其在类似站点中再次进行选择。

❺ 第30~33行：定义函数 inform_fare( )。若检索出目的站点名称，则使用 search_station( ) 函数输出目的站点名称与票价信息。

❻ 第35~38行：开始运行程序。

❼ 第40~42行：让用户选择即将搭乘的首尔地铁线路（line）。

❽ 第44~50行：使用 csv 模块，以 csv 格式调取必要的地铁站名，在变量 stations 内创建字符串。

> **Tip** 可参考公共数据网的"首尔交通站名与距离信息"csv 文件。

❾ 第51行：通过使用从 csv 文件提取的地铁站名称参数，调用函数 main( )，启动智能聊天机器人功能。

代码：

```python
1  import time, random, csv
2  stations = ''
3  def main(stns):
4      togo = input('\n请告知目的站点名称! >> ')
5      time.sleep(1)
6      search_station(togo, stns)
7
8  def search_station(stn_name, stns):
9      global stations, line_number
10     station_name = stns.split(',')
11     my_list = []
12     for x in station_name:
13         if x.find(stn_name) > -1:
14             my_list.append(x)
15     if len(my_list) == 0:
16         print('\n'+line_number+' 本地铁线路内无此站名或者输入错误。')
17         main(stations)
18     elif len(my_list) == 1:
19         search_name = my_list[0]
20         flag = input(search_name + '站对吗? y | n >> ')
21         if flag == 'y':
22             inform_fare(search_name)
23         else:
24             main(stations)
25     else:
26         search_list = ','.join(my_list)
27         print('\n' + search_list + '请在以上站名内再次进行选择。')
28         main(search_list)
29
30  def inform_fare(stn_name):
31      print('\n目的地: ' + stn_name)
32      print('票价: 1,200韩元')
33      print('\n再见~; 旅途平安。^^')
34
35  print('\n我是地铁2号线智能聊天机器人。^^\n')
36  name = input('请告诉我的您的姓名! >> ')
37  time.sleep(1)
38  print('\n见到您很高兴' + name + '客人')
39
40  line_number = input('请在1~8号线内选择。(数字) >> ')
41  time.sleep(1)
42  print('\n','选择了地铁'+line_number+'号线。')
43
44  f = open('17.地铁站名.csv', 'r', encoding='utf-8')
45  rdr = csv.reader(f)
46  for line in rdr:
47      if line_number in line[0]:
48          stations += ','+line[1]
49
50  f.close()
51  main(stations)
```

文件名：18.example.py

说明	代码

❶ 第 1 行：插入 random 模块。

❷ 第 3 行：将全局变量 game_heart 初始化为 0。将此变量存储为二十关游戏的尝试次数。

❸ 第 5 行：获取用户输入的姓名，并分配至变量 my_name。

❹ 第 7～8 行：从 1～20 之中选择一个数字，分配至变量 number。用户需要猜中变量 number 内分配的数字。

❺ 第 10～22 行：尝试在 6 次之内猜中计算机选择的数字。告知用户选择的数字比计算机选择的数字大还是小，以此迅速猜中数字。若用户输入了与计算机选择的数字相同的值，则在全局变量 game_heart 内增加1，告知尝试次数，并结束游戏。

❻ 第 24～25 行：若没有在 6 次之内猜中，则告知计算机选择的数字并结束游戏。

```python
1  import random
2
3  game_heart = 0
4
5  my_name = input('你好，你叫什么名字？>> ')
6
7  number = random.randint(1, 20)
8  print('%s!，在数字1至20中，我想到的数字是？' % my_name)
9
10 for game_heart in range(6):
11     your_guess = int(input('是什么呢？>> '))
12
13     if your_guess < number:
14         print('比这个数字大...\n')
15
16     if your_guess > number:
17         print('比这个数字小...\n')
18
19     if your_guess == number:
20         game_heart += 1
21         print('\n回答正确！%s! %d 次就猜对了！^^' % (my_name,game_heart))
22 break
23
24 if your_guess != number:
25     print('\n叮咚！我想的数字就是 %s!!' % number)
```

📄 文件名：19.example.py

说明	代码

❶ 第1行：插入 random 模块。

❷ 第3～17行：定义函数 lucky_draw( )。设定限定条件：抽签起始号码、终止号码以及抽签号码个数。之后以无退还抽样的形式决定彩票号码，将号码进行排序并返回结果值。

> • "start=1,end=50,amount=5" 的表达式是设置为不输入任何参数时使用的默认值。
> • 无退还抽样是指一个游戏中不出现同一数字的抽样方法。

❸ 第19～22行：获取用户输入的抽签起始号码、抽签终止号码以及彩票数字位数。

❹ 第24行：以用户输入的值作为参数调用函数 lucky_draw( )，其结果包含在变量 lucky_number 内。

❺ 第26～27行：输出祝贺语与彩票中奖号码，游戏结束。

```python
1  import random
2
3  def lucky_draw(start=1, end=50, amount=5):
4
5      lucky_numbers = []
6
7      for i in range(amount):
8          number = random.randint(start,end)
9
10         while number in lucky_numbers:
11             number = random.randint(start,end)
12
13         lucky_numbers.append(number)
14
15         lucky_numbers.sort()
16
17     return lucky_numbers
18
19  print('抽取幸运数字。请核对您的彩票数字。\n')
20  start = int(input('输入抽签起始号码 >> '))
21  end = int(input('输入抽签终止号码 >> '))
22  amount = int(input('幸运号码位数 >> '))
23
24  lucky_number = lucky_draw(start, end, amount)
25
26  print('\n恭喜中奖~!')
27  print('幸运号码为：',lucky_number)
```

第20天 操纵乌龟 第159页

习题答案

📄 文件名：20.example.py

说明	代码

❶ 第 1~2 行：插入 random、math 模块，仅在 turtle 模块中插入 Turtle 领域。

❷ 第 4~5 行：使用 turtle 类，并初始化变量 my_angle。

> 🐍 **None 是一种声明变量名称而不给其赋值的方法。**

❸ 第 7~21 行：定义函数 graduator( )。将变量 my_angle 运用为全局变量，依据参数值绘制旋转运动的图形。

❹ 第 23~27 行：定义输入 ⬆ (向上键) 即被调用的函数 up( )。调用函数 graduator (30)，以逆时针方向进行旋转运动。定义输入 ⬇ (向下键) 即被调用的函数 down( )。调用函数 graduator (-30)，以顺时针方向进行旋转运动。

❺ 第 29~33 行：定义输入 Esc 键即被调用的函数 undo_button( )。取消正在执行的绘图动作。

> 🐍 根据 "两点之间的距离公式：$d = \sqrt{(x_1 - x_2)^2 + (y_1 - y_2)^2}$" 核对圆的中心与半径之间的距离。

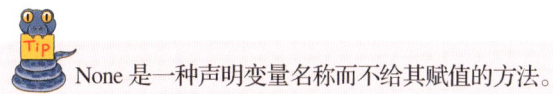

❻ 第 35~39 行：定义输入 space bar 空格键即被调用的函数 reset_button( )。它将取消所有绘图动作，并回到初始状态。

❼ 第 41~46 行：定义函数 keyboard_commands( )，为检测 turtle 模块的键盘事件而设置。

❽ 第 48~49 行：添加画板题目，调用函数 keyboard_commands( )，准备开始游戏。

❾ 第 51 行：游戏开始，操纵 turtle 随心所欲地画图。

```python
import random,math
from turtle import Turtle

t = Turtle()
my_angle = None

def graduator(angle):
    global my_angle
    if my_angle == None:
        my_angle = 0
        t.setheading(0)
        t.forward(200)
        t.write(str(0) + '°')
        t.backward(200)
        return
    my_angle += angle
    my_angle %= 360
    t.setheading(my_angle)
    t.forward(200)
    t.write(str(my_angle) + '°')
    t.backward(200)

def up():
    graduator(30)

def down():
    graduator(-30)

def undo_button():
    for i in range(4):
        t.undo()
        if t.xcor() and t.ycor():
            print('[确认距离]',round(math.sqrt
            (t.xcor()**2 + t.ycor()**2)))

def reset_button():
    global my_angle
    t.clear()
    t.setheading(0)
    my_angle = None

def keyboard_commands():
    t.screen.onkey(up,'Up')
    t.screen.onkey(down,'Down')
    t.screen.onkey(undo_button,'Escape')
    t.screen.onkey(reset_button,'space')
    t.screen.listen()

t.screen.title('20.操纵乌龟')
keyboard_commands()

t.screen.mainloop()
```

Python用语与要点整理

① 数据类型

重要代码	说明
True / False	boolean(布尔型或者真·假型)
10	integer(整数型)
3.14	float(实数型)
' '	string(文字型或字符串)
[值 1, 值 2, 值 3,…]	list(列表)
(值 1, 值 2, 值 3,…)	tuple(元组)
{ 关键词 1: 值 1, 关键词 2: 值 2, 关键词 3: 值 3,…}	dictionary(字典)

② 运算符号

数学运算	
5 = 3 + 2	加法
1 = 3 - 2	减法
6 = 3 * 2	乘法
1.5 = 3 / 2	除法
9 = 3 ** 2	平方
1 = 3 % 2	余数
1 = 3 // 2	无小数点后位数的除法

比较运算	
==	相等
!=	不等于
〉	大于
〈	小于
>=	大于等于
<=	小于等于

布尔运算	
and	逻辑与
or	逻辑或
not	逻辑否定

特殊符号	
#	注释
₩ n	换行 (new line)
₩ < 文字 >	Escape 符号

③ 字符串运算

核心代码	说明
string[i]	返回字符串的第 i 个文字。
string[-i]	返回字符串的最后一个文字。
string[i:j]	返回字符串内从 i 到 j 的文字。

④ 列表运算

核心代码	说明
list = []	定义无元素的空列表。
list[i] = x	在索引 i 内存储 x。
list[i]	返回索引 i 内的元素。
list[-1]	返回列表的最后一个元素。
list[i:j]	返回列表内从 i 到 j 范围内的元素。
del list[i]	删除索引 i 的元素。

Python用语与要点整理

⑤ 字典运算

核心代码	说明
dict = {}	定义无元素的空字典。
dict[k] = x	将 x 存储为 k 的值。
dict[k]	返回 k 的值 (value)。
del dict[k]	删除 k 的元素。

⑥ 与用户的互动 (输入・输出)

核心代码	说明
print('Python，很高兴认识你！')	输出信息"Python，很高兴认识你！"。
days = 365 输出不同形式的数据。	print("一年是"，days，"天。")
name=input('你叫什么名字？')	向用户提问。
number=int(input('请输入数字。'))	当传递的值是数字时，将其更改为整数型。

7 字符串

核心代码	说明
'你好'。	将其使用单引号（''）引用。
"你好 。"	将其使用双引号（""）引用。
'''Python，很高兴认识你！'''	多行字符串使用 3 个连续的引号表示。
'Python'+'很高兴认识你'	连接字符串。
'Python'*4	字符串重复整数的次数。
len('Hello')	用数字表示字符串的长度。
int('365')	将字符串更改为整数。

8 字符串相关函数

函数	说明
string.upper()	将字符串更改为大写字母。
string.lower()	将字符串更改为小写字母。
string.count(x)	返回字符串内 x 重复的次数。
string.find(x)	以索引形式返回字符串内 x 第一次出现的位置。
string.replace(x,y)	在字符串内将 x 替换为 y。
string.strip(x)	在字符串内删除 x。
string.split('delimiter')	在字符串内，以分隔符 (delimiter) 为基准，返回分隔后的列表。
string.join(L)	将字符串与列表 L 的元素一一结合后返回。
string.format(x)	将字符串以格式形式结合并返回。

Python用语与要点整理

⑨ 列表相关函数

函数	说明
list.append(x)	在列表最后添加 x。
list.extend(L)	在列表最后添加列表 L。
list.insert(i, x)	在列表的 i 位置插入 x。
list.remove(x)	删除列表中的元素 x。
list.pop(i)	删除列表 i 位置内的元素并返回结果。
list.clear()	删除列表内的所有元素。
list.index(x)	返回列表内 x 的位置。
list.count(x)	返回列表内元素 x 的个数。
list.sort()	将列表中的值按照从小到大的顺序整理。
list.reverse()	将列表的顺序倒序排列。
list.copy()	复制列表并返回结果。

⑩ 字典相关函数

函数	说明
dict.keys()	以列表形式返回字典的 key。
dict.values()	以列表形式返回字典的 value。
dict.items()	以 (key,value) 的列表返回字典的元素。
dict.get(k)	返回字典的 k 值。
dict.pop(k)	删除字典中的 k 元素并返回结果。
dict.update(D)	在字典内添加字典 D。
dict.clear()	删除字典中的所有元素。
dict.copy()	复制字典并返回结果。

⑪ 常用的模块

模块名称	说明
math, numpy, scipy	与数学有关的模块。
matplotlit	绘图模块。
random	生成随机数字。
datetime	输出日期与时间。
timeit	测定代码的执行时间。
re	正则表达式。
os	活用操作系统功能的模块。
sys	与输入、输出、错误相关的模块。
urllib	与互联网访问相关的模块。
zlib	与数据压缩相关的模块。

使用Visual studio code

1 设置

– 在 Visual studio code 主页 [code.visualstudio.com] 下载程序。选择并安装与您的计算机操作系统相匹配的程序。

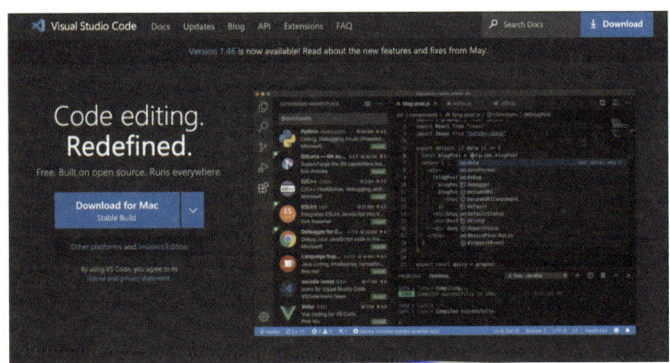

2 设置 Python 扩展功能

– 运行计算机中安装的编辑器，点击左侧图标菜单底部的 [扩展图标] 或者选择菜单中的 [视图→扩展]。

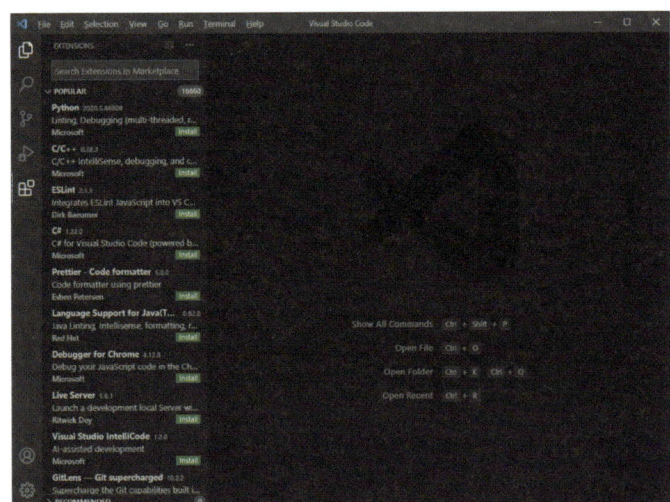

– 在市场的扩展检索窗内输入'Python'并输入 Enter↵ ，就会出现微软提供的 Python 扩展功能。设置 Python 扩展功能，点击 [重新载入] 按钮，即可使用扩展功能。

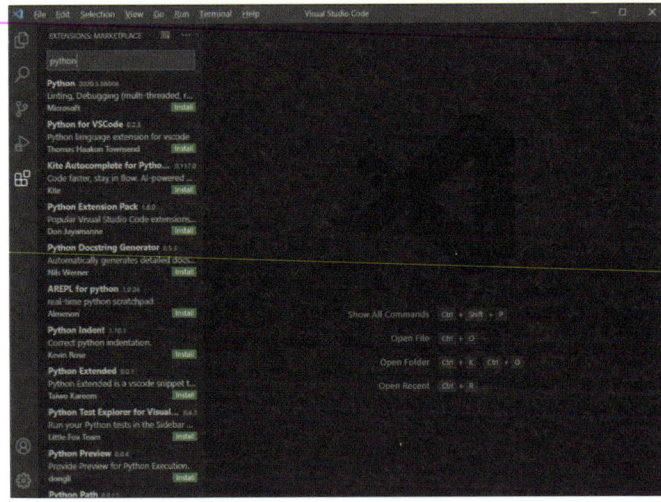

3 选择主题

– 在编辑器菜单内选择 [文件→基本设置→颜色主题]，即可选择编辑器的颜色主题。

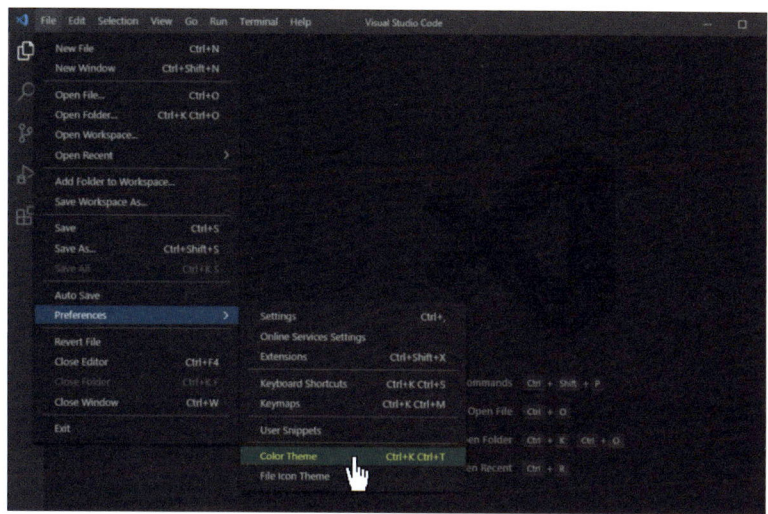

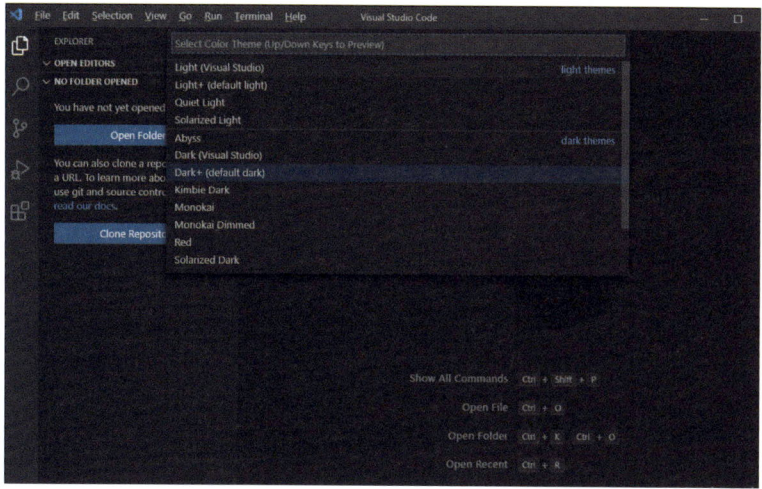

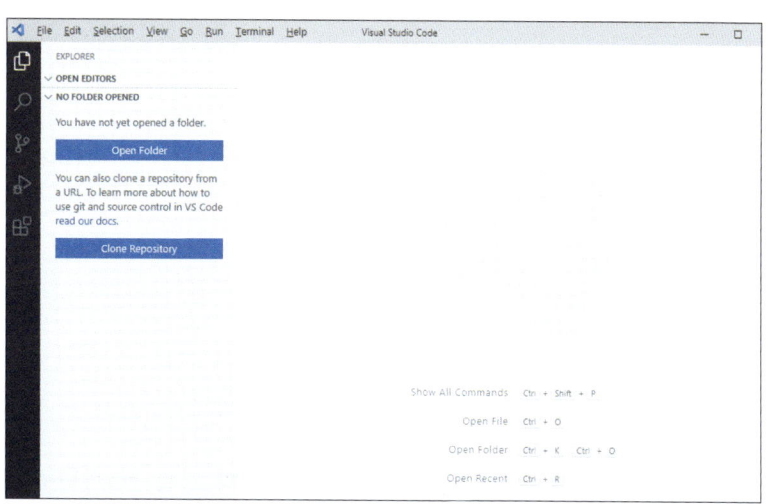

使用Visual studio code

— 选择菜单内的 [文件→新文件]，开始 Python 编程。点击编辑器右下方的 [普通文本] 可以选择语言模式。在语言编码选择搜索窗内输入 'Python' 并输入 Enter↵ ，即是准备好了可以制作 Python 程序的环境。

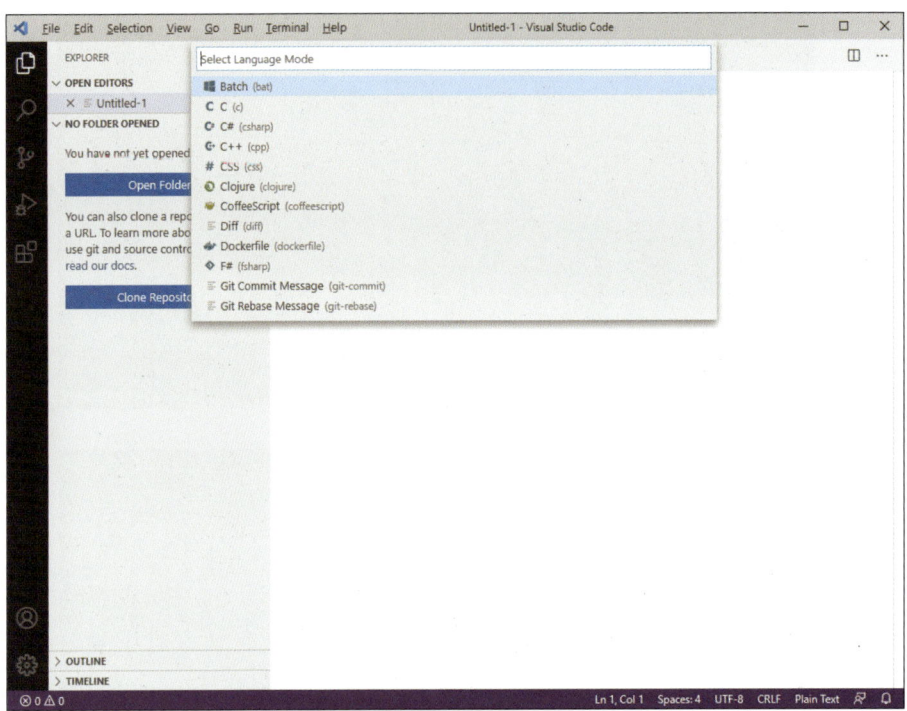

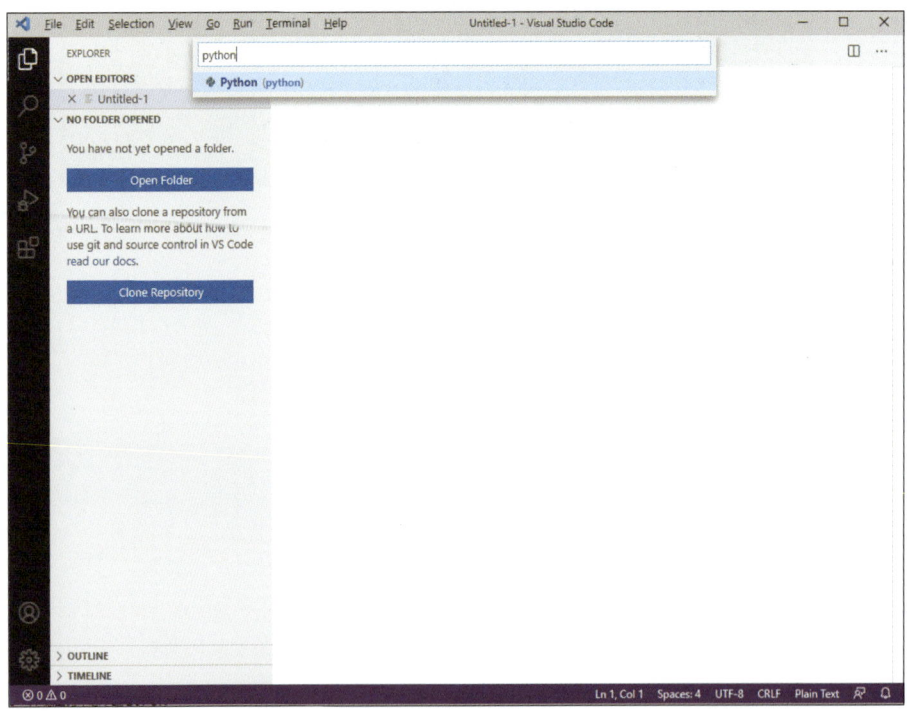

5 运行 Python 程序

－在编辑器画面上点击鼠标右键，则出现菜单。在菜单内点击［Run Python File in Terminal］，运行 Python 程序。通过编辑器下方的终端可以核实 Python 的运行结果。

 运行"第 11 天 . 数据类型（第 73 页）"的习题。

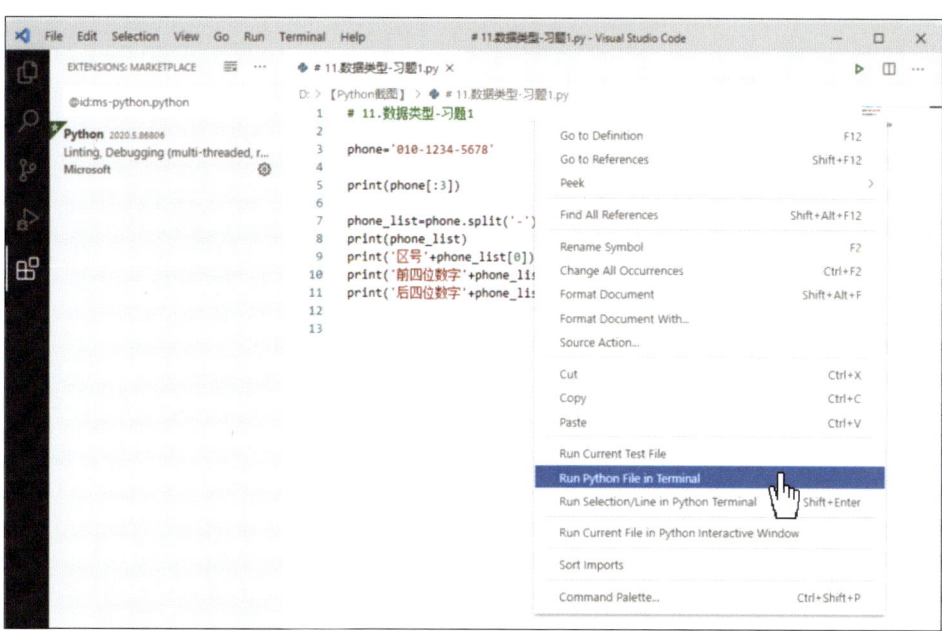

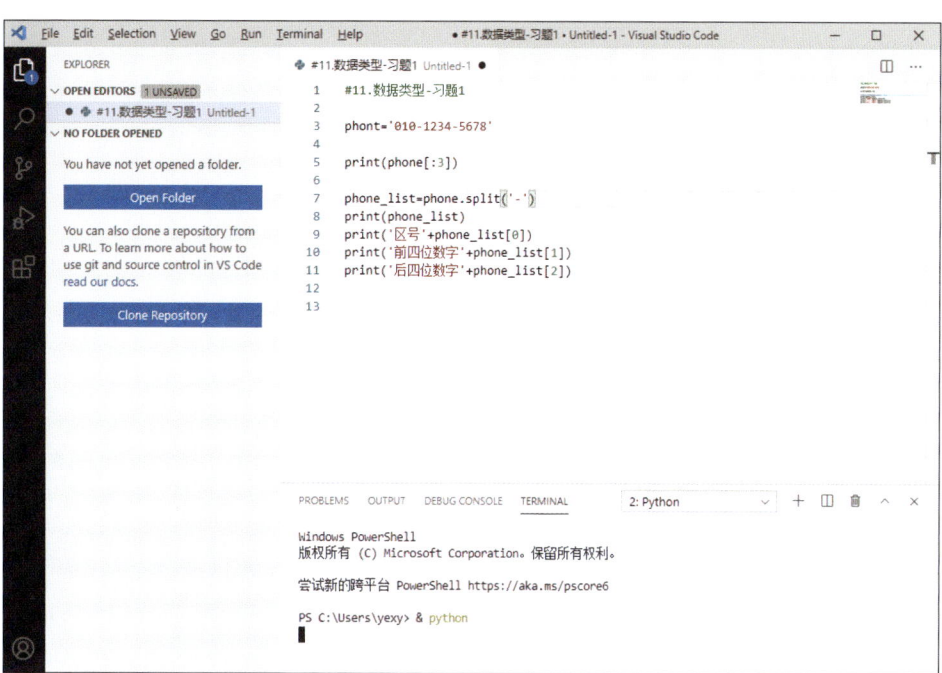

Entry模块使用说明

🚩 开始模块

模块	说明
When run	点击开始按钮，运行与其关联的模块。
When key q pressed	点击存储的快捷键组合，运行关联模块。
When mouse clicked	点击鼠标，运行关联模块。
When mouse click released	释放鼠标，运行关联模块。
When object clicked	点击当前对象，运行关联模块。
When object click released	释放当前对象，运行关联模块。
When No Target message received	收到该信号时，运行关联模块。
Send No Target message	发送目录中被选择的信号。
Send No Target message and wait	发送目录中被选择的信号并等待，直到收到该信号的模块运行为止。
When scene started	场景开始时，运行关联模块。
Start Scene 1 scene	开始选择的场景。
Start next scene √ next pre	开始上一个或者下一个场景。

⛰️ 进程模块

进程	说明
Wait 2 seconds	等待设定的时长后，运行下一个模块。

续表

进程	说明
Repeat 10 times	按照设定的次数重复运行积木。
Repeat infinitely	持续重复运行积木。
Repeat until ▽ True	直到值为真为止，重复运行值为真时的积木。
Stop repeat	中止该模块中最临近的重复模块。
If True then	若值为真，则运行模块。
If True then / else	若值为真，则运行第一个模块，若值为假，则运行第二个模块。
Wait until True	等待运行程序，直到判断值为真为止。
Stop All objects ▽	停止运行所有对象、该对象或者其他对象。另外，停止运行该模块包含的代码或除该模块包含代码外的其他所有代码。
Restart Project	从头开始运行作品。
When clone is created	新生成该对象的副本时，运行相关模块。
Create Self ▽ 's clone	生成被选择对象的副本。
Remove this clone	与［初次生成副本时］模块一同使用，删除生成的副本。
Remove all clone	删除该对象的所有副本。

动作模块

进程	说明
Move `10` forward	按照设定值，使对象朝箭头所指的方向移动。
if on edge, bounce	对象碰触到画面边缘时，改变方向。
Change X by `10`	将对象的 x 坐标按照设定的值进行更改。
Change Y by `10`	将对象的 y 坐标按照设定的值进行更改。
For `2` secs move to X: `10` Y: `10`	经过设置的时间，将对象的 x、y 坐标按照设定的值进行更改。
Move to the X: `10`	以对象的中心点为基准，使对象往指定的 x 坐标移动。
Move to the Y: `10`	经过设置的时间，将对象的 x、y 坐标按照设定的值进行更改。对象往指定的 y 坐标移动。
Move to the X: `0` Y: `0`	经过设置的时间，将对象的 x、y 坐标按照设定的值进行更改。将对象往指定的 x、y 坐标移动。
Moving while `2` seconds to x: `10` y: `10`	经过设置的时间，将对象的 x、y 坐标按照设定的值进行更改。经过设置的时间，将对象往指定的 x、y 坐标移动。
Move to `Entry Bot ▼`	以对象的中心点为基准，将对象移动至选择的对象或者鼠标箭头的位置。
for `2` secs move to `Entry Bot ▼`	以对象的中心点为基准，经过设置的时间，将对象移动至选择的对象或者鼠标箭头的位置。
Rotate `90°`	以对象的中心点为基准，将对象的方向顺时针以指定的角度进行旋转。
Change direction by `90°`	将对象的移动方向按照指定的角度进行旋转。
For `2` secs rotate `90°`	以对象的中心点为基准，经过设置的时间，将对象的方向以顺时针方向旋转至指定的角度。
For `2` secs set direction to `90°`	经过设置的时间，将该对象的移动方向按照指定的角度顺时针旋转。
Set rotation to `90°`	将该对象的方向指定为输入的角度。
Set direction to `90°`	将该对象的移动方向指定为输入的角度。

续表

进程	说明
Turn towards Entry Bot ▼	该对象朝着其他对象或者鼠标箭头的方向遥望时，对象的移动方向将朝向所选项目。
Rotate 90° and move 10	按照设定角度的方向移动输入的值。运行画面上方为 0°，角度按顺时针方向逐渐增加。

外形模块

进程	说明
show	将对象显示在画面中。
hide	将对象在画面中隐藏。
Say Hi for 4 secs Speak ▼	在设置的时间内将输入的内容显示在对话框之后，运行下一个模块。
Say Hi Speak ▼	在设置的时间内将输入的内容显示在对话框的同时，运行下一个模块。
Remove speech	删除对象正在显示的对话框。
Change shape to Walking Entrybot1 ▼	将对象更改为选择的外形。若分离内部模块，则用图形编码选择图形。
Change to next ▼ shape	将对象的外形更改为下一个形状。
Change Color ▼ effect by 10 ✓ color brightness transparency	将对象的颜色、亮度、透明度效果变更赋值的大小。颜色效果在 0～100 之间重复。亮度与透明度效果在 −100～100 范围内重复，−100 以下算 −100，100 以上算 100。
Set Color ▼ effect to 100 ✓ color brightness transparency	将对象的颜色、亮度、透明度效果更改为赋值。颜色效果在 0～100 之间重复。亮度与透明度效果在 −100～100 范围内重复，−100 以下算 −100，100 以上算 100。
Erase all effects	删除所有运用在对象内的效果。
Change scale by 10	将对象的大小更改为输入值。
Set scale to 100	将对象的大小指定为输入值。

续表

进程	说明
Flip vertically	将对象的外形上下翻转。
Flip horizontally	将对象的外形左右翻转。
bring to [front ▼] ✓ front forward backward back	将该对象调用至画面的最前方、前方、后方、最后方。

笔刷模块

进程	说明
Stamp	将对象的形状像图章一般印在运行画面内。
Start drawing	以对象的中心点为基准,依据对象的移动路线开始画线。
Stop drawing	停止对象的画线行为。
Set brush color to ■	将对象画线的颜色指定为选择的颜色。
Set brush color to random	随机选择对象画线的颜色。
Change thickness by 1	更改对象线条的粗细值。范围为 1 以上的所有数,1 以下的数算为 1.
Set thickness to 1	设定对象线条的粗细值。范围为 1 以上的所有数,1 以下的数算为 1.
Change transparency by 10 %	将对象画线的透明度变更赋值的大小。范围为 0 ~ 100,0 以下算为 0,100 以上算为 100。
Set transparency to 50 %	将对象画线的透明度更改为赋值。范围为 0 ~ 100,0 以下算为 0,100 以上算为 100。
Erase all brush	将该对象所画的线与图章全部删除。

中 文本框模块

进程	说明
Textbox **Textbox** ▼ 's contents	显示选择的文本框或者文本框中的内容。
Writing that **Entry** 가	将文本框中的内容更改为输入的值。
After writing that **Entry** 가	在文本框内容后添加指定值。
Add **Entry** in front of that 가	在文本框内容前添加指定值。
Remove all text 가	删除文本框内存储的值。

声音模块

进程	说明
Play **No Target** ▼ Sound	播放该对象选择的声音的同时,运行下一个模块。
Play **No Target** ▼ sound for **1** secs	按照指定时长播放该对象选择的声音的同时,运行下一个模块。
Play **No Target** ▼ sound from **1** to **10** secs	按照指定秒数播放该对象选择的声音的同时,运行下一个模块。
Play **No Target** ▼ Sound and wait	播放该对象选择的声音,播放结束后运行下一个模块。
Play **No Target** ▼ Sound for **1** secs and wait	按照指定时长播放该对象选择的声音,播放结束后运行下一个模块。
Play **No Target** ▼ sound from **1** to **10** secs and wait	按照指定秒数播放该对象选择的声音,播放结束后运行下一个模块。
Change volume by **10** %	将作品内所有声音的大小更改为输入的百分比。
Set volume to **10** %	将作品内所有声音的大小指定为输入的百分比。
Stop all sounds	停止正在播放的所有声音。

✓ 判断模块

进程	说明
Mouse down?	当鼠标点击时，判断为"真"。
q pressed?	当输入选择的键时，判断为"真"。
touching Mouse Pointer ▼ ?	当该对象接触到选择的项目时，判断为"真"。
10 = 10	当左边的值等于右边的值时，判断为"真"。
10 > 10	当左边的值大于右边的值时，判断为"真"。
10 < 10	当左边的值小于右边的值时，判断为"真"。
10 ≥ 10	当左边的值大于等于右边的值时，判断为"真"。
10 ≤ 10	当左边的值小于等于右边的值时，判断为"真"。
True AND ▼ True √ AND OR	当两个判断均为真，或者两个判断中有一个为真时，判断为"真"。
True OR ▼ False AND √ OR	当两个判断中有一个为真时，判断为"真"。
Is Not True	当该判断为真时显示为"假"，当该判断为假时显示为"真"

×⁺⁼ 计算模块

进程	说明
10 + 10	将输入的两数相加。
10 - 10	将输入的两数相减。
10 × 10	将输入的两数相乘。
10 / 10	将输入的两数相除。
Random number between 0 and 10	在输入的两数之间选择随机数。当两数均为整数时则选择整数，当两数之间至少有一个为小数时，则选择小数。

续表

进程	说明
Mouse x ▼ Coordinate √ x y	表示鼠标箭头的 x 或 y 坐标值。
Entry Bot ▼ 's coordinate x ▼ √ coordinate x coordinate y rotation direction Scale index of picture name of picture	表示选择的对象或本对象的各种信息值 (x 坐标值 /y 坐标值 / 方向 / 移动方向 / 大小 / 图形编号 / 图形名称)。
Quotient ▼ of (10) / (10)	前一数字与后一数字相除的商。
Rest ▼ of (10) / (10)	前一数字与后一数字相除的余数。
(10) 's Square ▼ √ Square Root sin value cos value tan value asin value acos value atan value log value natural log value decimal value floor value ceil value round value factorial value	与输入数字相关的各种数学式计算值。
Timer value	执行该模块的瞬间被储存在秒表内。
Start ▼ timer √ Start Stop Reset	开始、停止、初始化秒表。将该模块导入模块组件中，会在 运行画面中创建一个"秒表窗口"。
Hide ▼ Timer √ Show Hide	从运行画面内显示 / 隐藏秒表窗。

续表

进程	说明
Date Year ▼ √ Year Month Day Time (Hour) Time (Minutes) Time (Seconds)	目前年份、月份、日期、时刻等关于时间的值。
Distance to Entry Bot ▼ √ Entry Bot Mouse Pointer	对象与选择的对象或鼠标箭头之间的距离值。
Length of Bark of a Dog ▼ sound	选择声音的长度值 (秒)。
Username	正在使用程序的用户的姓名值。
length of Entry	输入字符中包含空白的字符数。
join Hi Entry	输入的两个材料结合的值。
letter Hello Entry! of 1	输入的字符或数字值中，输入数字的次数的字符值。
substring of Hello Entry! from 2 to 5	输入的字符或数字值中，输入的范围内的字符或数字值。
index of Hello Entry! in Entry	输入的字符或数字值第一次出现的位置的值。在"你好 Entry！"中，Entry 的起始位置是 5。
replace Hello Entry! in Hello with nice to meet you	在输入的字符或数字值中，找到储存的字符或数字值，将其更改为其他字符或数字值。当使用英文输入时，注意区分大、小写。
Hello Entry! of uppercase ▼ √ uppercase lowercase	将输入英文的所有字母更改为大写字符或小写字符。

进程	说明
Ask `Hi` and wait	弹出对话框向该对象询问输入的文字，并等待回答。将该模块导入模块组件中，会在运行画面中创建一个"回答窗口"。
response	询问后等待回答时获得的值。
response `Hide ▼` (Show / Hide)	在运行画面内显示或隐藏"回答窗口"。
Value of `重量 ▼`	生成的变量。在这里的名字是"重量"。是存储在［重量］变量中的值。
Plus to `重量 ▼` by `10`	在［重量］变量中加上输入的值。
Set `重量 ▼` to `10`	将［重量］变量中的值指定为输入值。
Show variable `重量 ▼` value	显示［重量］变量窗口。
Hide variable `重量 ▼` value	隐藏［重量］变量窗口。
value of `位置 ▼` `1` th element	创建的列表，命名为"位置"。指代［位置］列表中有输入顺序的项目值。
add `10` to the list `位置 ▼`	将输入的值添加为［位置］列表的最后一个项目。
remove `1` th element from `位置 ▼`	将［位置］列表中指定的项目删除。
insert `10` to `位置 ▼` `1` th position	将指定的项目按照输入列表的顺序放置。指定项目之后的项目顺序依次后移。
change `位置 ▼` `1` th element to `10`	将［位置］列表中指定的项目的值更改为输入的值。
length of `位置 ▼`	［位置］列表中项目个数的值。
is included in `位置 ▼` value `10`	确认［位置］列表中是否包含输入的值。
Show list `位置 ▼`	显示［位置］列表。
Hide list `位置 ▼`	隐藏［位置］列表。

函数模块

进程	说明
define function Function	将本模块下常用的代码整理成为函数。在［定义函数］模块右侧空格内组件［姓名］模块，以指定函数的名字。运行函数时需要输入值的情况下，在空格内配置［字符／数字值］或者［判断值］模块，各自以变量模式进行使用。
function	正在制作中的函数模块或者之前制作完成的函数模块。
name	在［定义函数］模块的空格内配置并使用。指定函数的名称。
Character/Number	运行该函数时，若需要字符或数字值时，则在空格内作为媒介参数进行配置。将该模块内的［字符／数字值］进行分离，放入函数代码中需要的部分进行使用。
Judgement	运行该函数时，若需要判断真假时，则在空格内作为媒介参数进行配置。将该模块内的［判断值］进行分离，放入函数代码中需要的部分进行使用。